U0321741

国家出版基金项目
NATIONAL PUBLICATION FOUNDATION

2019 年度国家出版基金项目

天 津 市 重 点 出 版 扶 持 项 目

荒漠化土地生态修复的中国经验

——库布其模式解析

王文彪　著

天津出版传媒集团

天津科学技术出版社

图书在版编目（CIP）数据

荒漠化土地生态修复的中国经验：库布其模式解析 /
王文彪著 . -- 天津：天津科学技术出版社，2019.12
ISBN 978-7-5576-7072-6

Ⅰ . ①荒… Ⅱ . ①王… Ⅲ . ①沙漠治理—研究—内蒙
古 Ⅳ . ① P942.260.73

中国版本图书馆 CIP 数据核字 (2019) 第 197926 号

荒漠化土地生态修复的中国经验：库布其模式解析
HUANGMOHUATUDI SHENGTAIXIUFU DE ZHONGGUOJINGYAN:KUBUQI MOSHI JIEXI
策划编辑：蔡颢
责任编辑：方 艳 张建锋 胡艳杰 布亚楠 吴 顿 韩 瑞 刘 鸫 刘 颖 王 彤

出　　版：天津出版传媒集团
　　　　　　天津科学技术出版社
地　　址：天津市西康路 35 号
邮　　编：300051
电　　话：（022）23332695（编辑部）
网　　址：www.tjkjcbs.com.cn
发　　行：新华书店经销
印　　刷：北京盛通印刷股份有限公司

开本 787×1092 1/16 印张 26.5 字数 400 000
2019 年 12 月第 1 版第 1 次印刷
定价：128.00 元

推荐序 1

　　荒漠化是严重的全球性生态问题，是造成世界上许多地区贫困、被迫移民和社会动乱的重要原因，全球近 10 亿人受到荒漠化的威胁。荒漠化是实现联合国 2030 年可持续发展目标的重大障碍，也是"一带一路"建设必须面对的一个重大难题。

　　库布其模式的核心内涵是政府政策性支持、企业产业化投资、农牧民市场化参与和技术持续化创新，治沙、生态、产业、民生四轮驱动、平衡发展。

　　以"甘草治沙改土扶贫"为主要内容的库布其治沙模式日臻成熟，形成了包括生态修复、生态健康、生态旅游、生态农牧业、清洁能源和绿色金融等为支柱的多元绿色产业体系。创造了一种生态修复和新能源发电相结合、共同发展的创新型生态修复 + 光伏发电模式，在内蒙古、河北等地实现了"光、热、电、草、畜、禽"一体化发展和循环综合利用：光伏板遮光挡风，有效降低了风速，减少了土壤水分蒸发，在板下、板间种植甘草类植物，具有生物固氮作用，可以使土壤肥力逐年增加，光伏项目寿命期结束后，土地也由荒漠变为良田。

　　王文彪董事长结合自己多年的治沙经验，不断地总结库布其沙漠治理的实践经验，创新表达方式，阐释当代中国价值观念、发展理念、发展道路，服务"一带一路"建设，讲好中国故事，传播中国声音。亿利人几十年的治沙经验，给全世界荒漠化防治和生态文明建设提供了有价值的参考样本。王文彪董事长在本书中不仅详细阐述了库布其治沙经验中的精髓，而且对如何在"一带一路"沿线国家推广库布其治沙经验做了深入思考和探索，期待更多的国家能从中受益。

汤广福（中国工程院院士）

2019 年 9 月

推荐序 2

党的十九大报告指出，生态文明建设功在当代、利在千秋。我们要牢固树立社会主义生态文明观，推动形成人与自然和谐发展现代化建设新格局，为保护生态环境作出我们这代人的努力！中国将继续积极参与全球治理体系改革和建设，不断贡献中国智慧和力量。

今天的中国已经把生态文明放在了前所未有的高度。党的十九大报告指出，建设生态文明是中华民族永续发展的千年大计。坚持节约资源和保护环境是中国的基本国策，"绿水青山就是金山银山"是中国必须树立和践行的基本理念。习近平总书记以"为全球生态安全作出贡献"作为生态文明建设方略的结语，提出"积极参与全球环境治理，落实减排承诺"，必将进一步推动中国履行国际生态环保责任，塑造大国形象，在全球生态环保事业中发挥前所未有的重要作用。

党的十九大报告中关于生态文明建设的论述，充分体现了以习近平总书记为核心的党中央对中华民族永续发展和人类命运共同体建设的一贯高度重视，也为库布其模式走向世界指明了方向。中国已经成为全球生态文明建设的重要参与者、贡献者、引领者，库布其的沙漠治理实践就是其中的代表性案例。

本书不仅总结了亿利集团多年的治沙经验，而且集成了"库布其国际沙漠论坛"的重要成果，旨在探索如何在"一带一路"沿线国家推广库布其模式。未来，全球千万平方千米的荒漠通过科学治理，可以由"死亡之海"变为绿色家园；风沙之地，也可以成为聚宝之盆。

王文彪董事长和他的治沙团队从植树种甘草开始，就不停地摸索、改良技术，比如，他们发明的微创气流植树法，十几秒钟就能在沙丘上把树种好。就库布其而言，这个环节就节省了几十亿甚至上百亿元的资金。再比如，他们创新的甘草平移治沙技术，让一棵甘草的治沙面积由原来的 $1\,m^2$ 扩大到 $10\,m^2$。据统计，他们已研发了 127 项生态种植与产业技术，培育了 1 000 多种耐寒、耐旱、耐盐碱的生态种子，这些科技力量，让库布其的治沙效率大大提高，让亿利集团成为全球拥有治沙专利技术最多、最先进的企业。库布其模式体现了生态优先、发展优先、民生优先的"三个优先"原则，形成了治理、发展、再治理、再发展的良性循环的新模式，实现了防沙治沙产业发展、生态改善、社会稳定、民族团结、农民富裕的共赢局面。

如今，王文彪董事长及其团队将他们的经验毫无保留地奉献出来，写成了本书。读着这本沉甸甸的书，我为王文彪团队喝彩，希望他们多年摸索出来的库布其模式能为全球荒漠化治理带来福音！

周孝信（中国科学院院士）

2019 年 9 月

目 录

第一章

全球荒漠化概况

第一节　全球荒漠化现状

沙漠——无尽的黄沙、延绵不绝的沙丘，动植物难以生存的"死亡之地"。而且，它一旦有机会，便会将魔爪伸向周边地区，将原本生机勃勃、枝繁叶茂的地方变成不毛之地，这便是"沙漠化"，也是荒漠化的一种形式。目前，荒漠化已成为全球最严重的生态问题之一，也是造成世界上许多地区贫困、被迫移民和社会动乱的重要原因。

目前，全球荒漠化和沙化土地超过 3 600 万 km²，覆盖全球土地面积的 1/4。全球 167 个国家受荒漠化影响，包括"一带一路"[1] 沿线的许多国家，且荒漠化仍在以每年 5 万~7 万 km² 的速度扩张。荒漠化严重威胁着人类的生存和发展，近 10 亿人受到荒漠化的危害。荒漠化已成为实现联合国 2030 年可持续发展目标的重大障碍之一，也是"一带一路"建设必须面对的一个重大难题。

全球荒漠化日益严重

---

[1]　2013 年 9 月和 10 月，中国国家主席习近平在出访中亚和东南亚国家期间，先后提出共建"丝绸之路经济带"和"21 世纪海上丝绸之路"（简称"一带一路"）的重大倡议，得到国际社会高度关注。

多年来，国际组织和各国政府为荒漠化防治做出了巨大的努力，不断探索生态保护、绿色发展的可持续发展之路。中国荒漠化和沙化面积大约为262万 km²，约占国土面积的27%，受影响的人口超过全国总人口的1/3。中国政府遵循"创新、协调、绿色、开放、共享"的发展理念，高度重视荒漠化治理工作，从立法、政策、机制和科技创新等多领域、多层次、多方位做出了不懈的努力和切实的安排，取得了举世瞩目的成就。全国荒漠化、沙化情况得到初步遏制，成为世界上为数不多的荒漠化逆增长的国家之一。

20世纪70年代，非洲萨赫勒地区经历的严重干旱，促使人们对荒漠化的研究兴趣不断增长。此后，荒漠化成为旱地最具挑战性的环境研究话题。目前，干旱地区覆盖了地球表面的40%～45%，涉及110多个国家20亿人。生活在这里的人们受到粮食供应短缺、能源安全危机、水资源供应紧张、生物多样性被破坏和缓解气候变化能力降低的威胁。

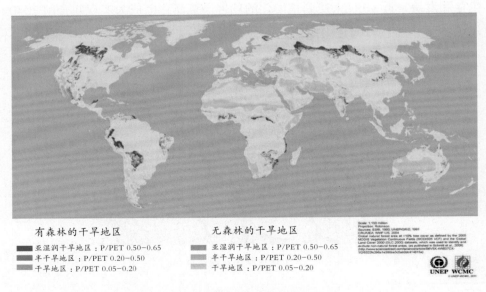

全球地区受荒漠化影响图

图片来源：《联合国防治荒漠化公约》（2011 年）

　　世界受荒漠化影响的人口中，90%以上居住在发展中国家和欠发达国家，特别是亚洲和非洲的许多发展中国家。据权威机构测算，每年荒漠化造成的经济损失达 400 亿 ~ 500 亿美元，这还不包括给社会和环境等其他因素造成的损失。

　　由于沙漠化对社会经济和环境的负面影响，在广大非洲国家的呼吁下，联合国在 1994 年制定了《联合国防治荒漠化公约》（UNCCD）。当时，发达国家的关注重点是气候变化和生物多样性，而发展中国家的主要关注点包括粮食不足、干旱和贫困等问题。《联合国防治荒漠化公约》以创新的方式，将一般原则与区域性措施结合起来，超越了作为防治荒漠化的全球条约，为不同国家建立了一个区域实施附件。

　　《联合国防治荒漠化公约》促使 195 个缔约方和欧盟共同致力于改善居住在旱地的人们的生活条件，维护和恢复土地及其生产力，从而减轻干旱带来的影响。《联合国防治荒漠化公约》尤其重视自下而上的做法，鼓励当地居民参与防治荒漠化和土地退化。《联合国防治荒漠化公约》秘书处促进了发达国家和发展中国家之间的合作，特别是在可持续土地管理的知识产权和技术转让方面的合作。为解决荒漠化这一难题，《联合国防治荒漠化公约》与《里约公约》以及《生物多样性公约》也达成了紧密合作。

　　此外，"一带一路"沿线自然生态系统比较脆弱，不少国家自然环境复杂、土壤贫瘠，干旱、半干旱地区广阔，荒漠化问题严重，森林覆盖率低于世界平均水平。在"一带一路"六大经济走廊中，"中蒙俄经济走廊"严寒区段长约 2 300 km，其中，荒漠区段长约 400 km；"新亚欧大陆桥"全长超过 10 000 km，其中，中亚段长约 1 800 km，广布干旱和荒漠化地貌；"中国—中亚—西亚经济走廊"的中国—中亚段长约 3 200 km，其中，2 240 km 穿越荒漠区，荒漠、严寒和高山是其主要特征，西亚段中有 820 km 穿越荒漠区；"中巴经济走廊"全长约 3 000 km，其中，北段约 940 km 穿越严寒高原，另有 490 km 是大面积干旱和荒漠区。

第二节　中国荒漠化现状

中国是世界上荒漠化最严重的国家之一，荒漠化土地面积约占全国国土面积的 1/3，且主要集中在西部地区，其中，新疆沙化率达到 64.34%，宁夏为 55.8%，内蒙古为 52.2%，甘肃为 45.12%，青海为 26.7%。荒漠化地区又与少数民族聚居区、边疆地区高度重合。

贫困与土地荒漠化相伴相生。据统计，中国的贫困人口集中在荒漠地区，约占全国农村贫困人口的 1/3。

中国政府认识到投资自然环境是维持国家长期安全和经济繁荣的关键，从 20 世纪 50 年代开始，大力推动植树造林工作，包括著名的"三北"防护林工程。特别是党的十八大以来，中国把包括荒漠化防治在内的生态文明建设作为中华民族永续发展的千年大计，常抓不懈，并且根据地形等重新划分出生态系统服务功能重要和生态敏感度高的区域，这些区域被称为生态功能保护区（EFCAs）。EFCAs 是根据 3 000 多名科学家研究创新的自然资本和环境会计方法的数据点绘制而成的。EFCAs 的划分对于 5 个（国家优先）生态系统服务归类至关重要，旨在：①减轻洪涝；②保障供水；③降低沙尘暴风险；④保护生物多样性；⑤更新土地资源。

据中国国家林业局（现国家林业和草原局）的数据，截至 2014 年，中国荒漠化土地面积为 261.16 万 km^2，占国土总面积的 27.2%，其中，沙土化土地面积为 172.12 万 km^2，占国土总面积的 17.93%，该类土地上居住总人口约 4.4 亿，而且荒漠化还在继续扩张。为应对这一威胁，中国政府一直在不懈地采取措施，如生态移民、种植树木以及限制放牧等，目前已获得了巨大的成功。

根据《联合国防治荒漠化公约》的统计数据，中国共有 332 万 km^2 干旱地区，占国土总面积的 34.58%，分为：①干旱地区（143 万 km^2）；②半干旱地区（114 万 km^2）；③亚湿润干旱地区（75 万 km^2）。这 3 种干旱地区中的 267 万 km^2 土地退化，遍布 18 个省市自治区，占国土面积的 27.8%，符合《联合国防治荒漠化公约》中对荒漠化的定义。研究表明，我国荒漠化形成的原因中，乱砍滥伐燃料木材占 31.8%，过度放牧占 28.3%，过度垦殖占 25.4%，植被破坏与水资源滥用占 9%，沙丘侵蚀占 5.5%。基于现有知识和监测技术，中国荒漠化面积中的 50 万 ~55 万 km^2，被认为是可恢复或修复的。

由刮风引起的荒漠化，通常被称为风蚀荒漠化，是至今中国北方最重要的荒漠化类型。风蚀荒漠化是指干旱、半干旱、亚湿润地区人类活动过多引发风蚀而导致的土地退化。中国北方的风蚀荒漠化区域主要分布在其干旱、半干旱及部分亚湿润地区，包括内蒙古、甘肃、新疆、宁夏、山西、陕西、吉林、河北、黑龙江和辽宁等。

自 20 世纪 80 年代初以来，针对荒漠化防治，中国推出了一系列引人注目的举措，包括"三北"防护林发展计划（1979—2050 年）、荒漠化防治国家方案（1991—2000 年）以及在北京和天津附近地区的沙尘暴治理计划（2001—2010 年）等。2001 年，中国通过了第一部关于防沙治沙的专门法律《中华人民共和国防沙治沙法》，这部法律赋予了从早期规划阶段到治理完成的所有过程工作的合法性，明确了预防土地沙化和治理沙化土地可以获得政府的支持。荒漠化防治是生态建设投资的重中之重，除上述提到的 3 个主要计划方案外，2014 年起，中国陆续又投资了超过 750 亿元用于荒漠化防治，2 170 亿元用于国家资源保护项目、森林农田或草原项目、野生动植物保护与自然保护区建设项目以及湿地保护与恢复项目等。

第三节 生态修复的重要性

在综合生态修复项目中，政府、企业、当地居民、国际机构等应共同努力，提高生态系统质量，提升人类福祉，创造生态财富，为各方带来不同形式的利益和回报。

1. 精神回报

成功的生态修复能够增强人们对未来发展的信心，为各个层面的生态文明建设带来积极影响；产生领军人物，引领人们持续、长期参与生态修复；积聚大量知识、科技成果和运作经验，为生态修复企业持续发展提供宝贵资源。

2. 社会经济回报

生态修复项目能够为当地居民提供就业机会和民生保障，增强社会凝聚力，改善教育、医疗等基本公共服务条件，有利于地区社会经济发展。

3. "绿土地"回报

生态修复能够带来的一项显而易见的回报就是土地质量的改善，把低价值荒地转变为可用于项目开发建设的高价值"绿土地"。因此，生态修复能够促进土地资源增值，这也是成就地方发展的关键因素。

花棒

4. 生态回报

生态修复能够重建生态系统功能，包括生物多样性保护、固碳、水土保持等多方面，进而提升生态系统价值。

沙打旺

5. 企业经济回报

成功的生态修复"生意"能够给企业带来较好的经济效益，包括来自生态系统的产品收入、加工业收入，以及其他因土地资源价值提升而产生的延伸产品收入。

我国自然生态系统退化问题严重，社会经济发展和国民福利受到严重影响。对荒漠化土地进行积极修复，不仅能够改善生态环境，还能使生态环境成为经济发展的持续动力，使经济发展和生态环境实现和谐共存、相互促进、共同发展。

一是改善生态环境。沙漠治理能够直接改善生态和保护生物多样性，是环境治理最直接、最见效的方式。例如，经过30年治理，内蒙古库布其地区生态环境得到成功修复和改善：降雨量显著增长；沙尘天气次数大幅减少；生物种类明显增多。联合国研究表明，如果修复全球5亿 hm^2 退化的耕地，就能吸收全球化石能源燃烧产生的碳排放总量的1/3。

旱杨

二是缓解我国耕地压力。据报道，由于重金属污染、乱侵乱占等原因，我国 1.2 亿 hm^2 耕地红线岌岌可危。另据专家预测，未来 10 年，土地缺口将高达 6 670 万 hm^2。如何补充 6 670 万 hm^2 土地缺口问题已成为一个巨大的挑战。将有条件的沙漠改造成耕地，是一条经过实践证明完全可行的道路。经过努力，库布其沙漠已改良出 10 万 hm^2 厘米级厚、初具耕作条件的土壤。国家有关部门研究结果称，我国 1.73 亿 hm^2 沙漠中可治理利用的面积超过 0.4 亿 hm^2，如能推广库布其沙漠治理技术和模式，可以改造出 0.2 亿 ~0.27 亿 hm^2 耕地，比 1.2 亿 hm^2 耕地红线的 1/6 还多。

柳树

三是实现生态与经济、民生的平衡发展。我国西部沙漠空间辽阔，蕴藏着丰富的光、热及生物资源。基于这些资源，钱学森先生早在 1984 年就提出了"多采光、少用水、高技术、高效益"的"沙产业"思路，就是要在沙漠治理过程中，大规模发展生态光伏、节水农业、光伏农业、生态旅游、医药健康产业等绿色生态经济，变害为利，变劣势为优势。在库布其沙漠生态修复过程中，按照产业化、市场化、公益化的模式，沙区10多万人脱贫致富，创造了超过5 000亿元的生态财富，成功探索出一条扬沙之利、避沙之害的可持续发展之路。据估计，如果将库布其治沙模式推广应用到我国可治理的沙漠，将创造2万亿元GDP（国内生产总值），提供上百万个工作岗位，使沙区农牧民脱贫致富，从而实现生态修复、产业发展、民生改善和社会进步的良性循环。

库布其星空图

四是打造丝绸之路经济带国际合作新亮点。我国荒漠化治理的经验和成果已得到联合国有关机构和国际社会的普遍关注和高度认可。可以考虑和丝绸之路经济带沿线国家建立"丝绸之路经济带生态修复合作机制"，利用该机制为沿线地区沙漠治理提供技术援助。可以说，沙漠治理不仅是我国生态文明建设的一项重要举措，而且是福泽丝绸之路经济带沿线地区，促进其生态、民生、经济及社会和谐稳定的一个独具特色的国际合作思路，对加强国际合作、提高我国在上述地区的影响力、提高我国国际声誉大有裨益。

2017 年库布其国际沙漠论坛

第二章

库布其模式解析

第一节 库布其沙漠介绍

　　"库布其"为蒙古语，意思是"胜利在握的弓弦"，因为它处在黄河边，像一根挂在黄河"几"字弯上的弦，所以得名。库布其沙漠地处鄂尔多斯高原北部与河套平原的交接地带，黄河"几"字弯南岸，西面有贺兰山和桌子山，北面有乌拉山和大青山，南面和东面为黄土丘陵及沟壑区。沙漠区的地理坐标为 E107°–111°30′，N39°15′– 39°30′。在行政区划上，这一区域隶属于内蒙古自治区鄂尔多斯市杭锦旗、达拉特旗和准格尔旗。库布其沙漠总面积为 1.86 万 km^2，是中国的第七大沙漠，也是距北京最近的沙漠，一度还是北京沙尘暴最大的源头之一。

治理前的库布其沙漠（一）

　　史载，3 000年前，库布其沙漠曾是森林覆盖、水草肥美的宜居宜牧地区，养育着猃狁、戎狄、匈奴等中国古代少数民族。商王曾在这里筑朔方城来抵御猃狁的入侵。2 000年前，汉武帝北逐匈奴，在这片土地上设朔方郡，修葺朔方城。400多年前，这里开始战乱不断，民不聊生，加之无节制、无约束的放垦开荒，大大加重了土地的荒漠化，大片的良田变成荒漠，朔方城也逐渐荒废，被人遗弃，繁华一时的胜景终究湮灭在了漫漫黄沙之中。最终，草原沉沦，风采与荣耀随之而逝，水草丰美的宝地退化为"死亡之海"。

治理前的库布其沙漠（二）

　　据科学研究，库布其沙漠绝大部分覆盖在第四纪河流沉积物之上。因下伏地貌、沉积物厚度等不同，沙丘高度、形态和流动程度等也有差异。在河漫滩分布着一些零星低矮的新月形沙丘及沙丘链，高度多数在3 m以上，移动速度较快；一级阶地沙丘高度5~10 m不等；一级与二级阶地之间沙丘高大，高度为10~20 m，最高达25 m；二级阶地上的沙丘高一般在10 m以下；二级与三级阶地的过渡区，沙丘更高，可达50~60 m，形态为复合型沙丘；三级阶地上多为缓起伏固定沙丘，流沙较少，呈小片局部分布。库布其沙漠的流动沙丘占沙漠总面积的61%，形态以沙丘链和格状沙丘为主，其次为复合型沙丘；半固定沙丘占 12.50%，有抛物线状沙丘和灌丛沙丘等；固定沙丘占 26.5%，形态为梁窝状沙丘和灌丛沙堆。固定和半固定沙丘多分布于沙漠边缘，并以南部为主。

治理前的库布其沙漠（三）

库布其沙漠位于干旱区和半干旱区的过渡地带。东部水分条件较好，属半干旱区；西部相对较差，为干旱区。沙漠年降雨量为 150～400 mm，年蒸发量为 2 100～2 700 mm，干燥度为 1.5～4。沙漠年平均风速为 3～4 m/s，大风日数为 25～35 天/年。该区年日照时数为 3 000～3 200 h，年平均气温为 6～7.5℃，气温高、温差大，年大于或等于 10℃的积温 3 000～3 200℃，无霜期为 135～160 天。

库布其沙漠东部为淡栗钙土、松沙质原始栗钙土，西部为棕钙土，西北部又有部分灰漠土。河漫滩上主要分布着不同程度的盐花浅色草甸土。土壤质地粗，结构松散，受到大风、强降水、过度利用等外部条件影响，就会发生风蚀沙化、草地退化等情况。

治理前的库布其沙漠（四）

　　库布其沙漠东、北、西三面紧靠黄河，中、东部有发源于高原脊线北侧的季节性沟川10余条，纵流期间具有沟长、夏汛冬枯、含沙量大等特点。沙漠西端和北部的地下水受黄河影响，埋深较浅（1~3 m），水质较好。

　　库布其沙漠内植被区域性差异较大。东部为草原植被，西部为荒漠草原植被，西北部为草原化荒漠植被。主要植物种类为东部的多年禾本植物、西部的半灌木植物、北部河漫滩地碱生植物，以及在沙丘上生长的沙生植物。30年前，库布其沙漠地区由于缺乏自然与矿产资源，发展产业的基础薄弱，经济极度落后。像库布其这样生态严重恶化的地区，也是贫困人口最为集中的地区，贫困与生态恶化相伴相生。在库布其沙漠地区，流动沙丘区域占61%，生活着74万沙区人民，他们过着靠天吃饭、绕着沙漠不断迁移的生活，世代饱受沙害之苦。20世纪80年代，这里的植被覆盖率仅为3%~5%，农牧民人均年收入仅有300多元，库布其也成为中国"沙漠"和

"贫困"的代名词。这里风沙肆虐、缺水、无电、无路、缺乏基础设施；农牧民在沙漠里靠着一点儿沙生植物，艰辛游牧，生活极端贫困。这些贫困人口是贫中之贫，这些地区的扶贫工作是难中之难。

最早的亿利集团林工队

自改革开放以来，特别是党的十八大以来，在习近平主席"绿水青山就是金山银山"重要战略思想的指引下，库布其生态文明建设发生了翻天覆地的变化。

现如今的库布其

第二节　库布其沙漠治理历程

第一期治沙（1988—1995 年）

坐落在沙漠腹地的杭锦旗盐场，生产条件简陋，生活条件更是艰苦，再加上流动沙丘的威胁，企业随时都有可能因为被沙漠掩埋而停产，甚至发生安全事故。作为一个企业，安全生产是最基本的要件。盐场人治沙的初衷就源于这个朴素的意识。

1989 年，杭锦旗盐场领导班子描绘治沙蓝图

当时企业的效益并不好，并不具备大规模治理沙漠的能力，但是还是决定建立常规的沙漠治理团队和稳定的投入机制：组建了一个有27人的林业工作队，并从每吨盐产品的利润中拿出5元钱（当时每吨盐的利润为10多元）作为治沙基金。解决了治沙的人力和资金问题后，盐场工人开始打造防护体系，建立厂区的防护林，并对周边地区的流动沙丘进行固定。这个时期的治沙规模基本在每年133.33 hm^{2}左右，规模相对较小，但为企业的安全生产提供了保证，而治沙经验的不断积累和治沙过程中教训的不断总结，对盐场工人治沙技术能力的提高意义重大。

第二期治沙（1995—2001年）

随着周边沙漠环境的改善，生产得到保障，企业的经营状况开始好转，产量不断提高，落后的交通运输条件，开始成为制约当时企业发展的主要障碍。杭锦旗盐场到最近火车站的直线距离大约为65 km，但是由于没有直达道路，杭锦旗盐场产品的运输不得不绕道350 km，且运输时速仅能达到10 km。更有甚者，这些没有铺设的路面，也时常遭受风沙的危害，在流动沙丘的影响下，不断改道，运输卡车经常由于道路的影响而无法按期送货。运输成本高，严重影响了企业的经济效益。在这样的情况下，盐场向地方政府提议修建一条穿沙公路（总体投资大约为7 000万元），从盐场直达最近的火车站。这一提议得到了政府的支持。当时，盐场人并没有修建沙漠公路的经验，首先遇到的困难就是要推平高达10多米的沙丘来打通路基，而这并不是一件容易的事情。更为复杂的情况是，由于沙尘暴的掩埋，即使打通路基，也会在筑路工人第二天醒来时找不到了。为了杜绝沙尘暴对沙漠公路的危害，公路两侧的固沙治理就成为沙漠公路修建中的必要条件，势在必行。盐场人开始时采用了植物材料网格固沙的方法，后来则是公路防护林固沙，以保证沙漠公路的正常通行。

1999 年，65 km 的穿沙柏油路建成通车

在沙漠造林，树种的选择是关键。当进入较大规模的公路防护林建设时，由于没有成熟的、可借鉴的技术，即便是耐旱树种，成活率也极低，甚至亿利人从国外引进了 20 多个树种，都没有成功。总结失败的教训，亿利人发现，防护林所需的植物品种不仅要耐旱，还要能够抗寒和耐盐碱。亿利人开始进入沙漠腹地寻找并发现了许多适合库布其沙漠的乡土树种，包括甘草、柠条和沙柳等；同时，探索和改进种植方法，如用废弃的玻璃酒瓶盛水后插入沙柳插条，埋入沙漠来提高存活率。在这个过程中，亿利人在树种选择和种植技术方面都积累了大量的经验。

经过 3 年的努力，在 65 km 的道路两边，形成了 4 km 宽的绿色保护带，道路得到了良好的防护。道路贯通，进一步提高了企业产品运输的效率。

这一阶段，每年植被的恢复面积达到了 666.67 hm² 左右。

前两期的治沙项目无论是厂区防护（改善工厂的生产和生活条件）还是

道路防护（修建穿沙公路以提高企业的运输效率），都是企业出于应对自身生存和发展所面临问题的现实需要，都是被迫而为之，属于被动治沙的阶段。

第三期治沙（2001—2003 年）

通过厂房和道路周边防风固沙项目，亿利人尝到了防沙、治沙的甜头，增强了治沙成功的信念，积累了治沙的经验。亿利人进一步意识到治沙也存在规模效应，只有在更大范围内改善生态环境，才能获得更大的收益。这意味着企业必须冲破短期的、直接的利益束缚，变被动为主动，在更大范围内改善生态环境。

大漠彩虹

亿利人将这一阶段的治沙项目确定为黄河沿岸沙漠的"锁边林"建设，以保护黄河，避免汛期黄河泛滥。这一项目的目标是通过规模化沙漠植被的恢复，重塑生态系统，改善生态环境。从被动保护企业财产的沙漠治理到促进生态环境保护的规模化治沙工程，亿利人的目标无疑已带有鲜明的主动性和公益性。

这一阶段，亿利人继续依靠技术创新提升治沙效率，尝试使用了包括飞机飞播在内的各种治沙技术。这个时期也面临诸多困境，包括树种单一、生长情况不佳、大面积的纯林带来病虫害防治和森林防火等问题。因此，虽然这个时期的造林工程量大，耗费人力财力多，但效果并不理想，造林规模在年均 400 hm^2 左右。

第四期治沙（2003—2006 年）

在这一时期，锁边林继续向沙漠腹地推进，深入沙漠 20 ~ 30 km 的范围开始纳入治沙区域。这是亿利集团产业化治沙的关键期。

随着国家不断在土地和林业方面推出一系列鼓励政策（土地流转、林子"谁种谁有"等）和治沙技术的不断进步，产业化治沙的趋势开始初露端倪。亿利人感觉到治沙不再是一个不敢考虑收益的"公益事业"，而是可以运营的产业，并且，以长期发展的眼光来看，这还是一个极具前景的产业。通过各种形式的土地流转和租赁经营，亿利集团与当地农牧民开始建立长期的合作关系。从此，政府、以亿利集团为代表的民营企业与当地农牧民间也开始围绕治沙产业探索新型的扶贫模式。值得一提的是，在这一阶段后期，亿利人引进了甘草等颇具经济价值的治沙型作物品种，更易形成商

甘草种植大户聂海旺在库布其沙漠种植甘草，年收入超过 20 万元

业化链条，从而成为亿利集团产业化治沙的开端。

亿利人在这个时期的治沙中更加注重经验总结，提出了"因地制宜、适地适树"的治沙原则，确立了"锁住四周、渗透腹部，以路划区、分块治理，科技支撑、产业拉动"的治沙方略，推行"路、电、水、通信、网、绿"六位一体的治沙规划方针（即沙治到哪里，路就修到哪里，水、电、通信就通到哪里），建立了"乔、灌、草（甘草）"相结合的立体生态治理模式。在技术方面，不再是传统的用锹种树人工造林方式，而是广泛采用了机械造林的方式。

得益于国家政策鼓励以及亿利人在生产实践中的技术创新和经验总结，这一阶段的年均造林面积约为 3 333.33 hm^2。

第五期治沙（2006—2012 年）

在这一时期，亿利人治沙的范围不断向库布其沙漠腹地推进。以"甘草治沙改土扶贫"为主要内容的库布其治沙模式日臻成熟；通过加强和政府、当地农牧民、国际社会的合作，亿利集团的生态修复产业运作模式也日渐成型，生态修复产业和集团其他产业的融合度不断提升，形成了包括生态修复、生态健康、生态旅游、生态农牧业、清洁能源和绿色金融等为支柱的多元化绿色产业体系。

这个时期也是亿利集团从传统经济运营模式走向平台经济运营模式的阶段。凭借已有的高水准的工业园区以及包括"亿利有机田"等在内的成熟商业平台，亿利集团开始尝试打造生态修复产业的要素集聚平台，通过吸引更多有志于生态修复产业的企业参与并促成各类交易，打造"平台＋插头"的网络化经济体系。特别是平台经济体系的构建，催生了亿利集团的绿色金融业务（为各种针对沙漠治理的环保技术设计金融服务模式和产品，即"基金＋技术"）。

通过总结库布其沙漠治理的实践经验，亿利人开始走出库布其，走向全国，在包括我国河北、新疆、甘肃、青海、西藏等在内的广大地区大力推广库布其的沙漠治理经验，并取得了很好的效果。

库布其沙漠逐渐变回水草丰美的模样

这一时期，亿利集团每年的沙漠治理面积近 5.33 万 hm^2。

第六期治沙（2012 年至今）

这一时期，中国的经济改革进一步深化，生态文明建设理论不断完善，生态文明建设成为我国一个重要的发展战略。习近平主席提出的"绿水青山就是金山银山"的生态文明建设伟大战略思想，成为指导中国经济社会发展的重要理论。

自 2012 年起，亿利人的治沙进入到一个全新的阶段。在生态文明战略的引领下，通过大力发展科技创新、产业创新和机制创新，创新运用生态大数据平台，创新无人机植树技术、精准浇灌技术和"微创"植树技术，亿利集团建成了中国西部最大的"耐寒、耐旱、耐盐碱"种质资源库，同时大大提升了种质资源和引种驯化的输出效率。借助"平台＋插头"模式，亿利集团已在库布其沙漠构建了三产融合互补的千亿级的沙漠生态循环经济体系。

　　自 2012 年至今，亿利集团的沙漠修复面积已超过了过去 25 年之和。

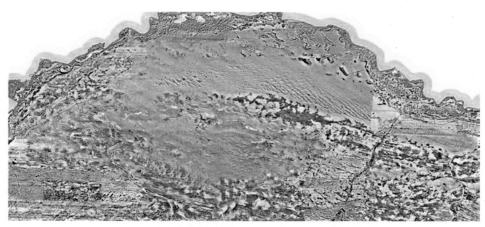

2015 年库布其沙漠卫星遥感图

第三节 库布其模式的形成

一、库布其模式的形成：市场化力量治沙

1988 年，年仅 28 岁的王文彪被任命为杭锦旗盐场的场长，该场位于库布其沙漠腹地。作为场长，摆在王文彪面前的第一个任务，就是不让流动的沙丘掩埋盐场。企业生存的压力，使亿利人不得不直面库布其的治沙工作。此后长达 30 年的沙漠治理历程由此展开，后来被联合国有关机构认可、写入联合国决议的"库布其模式"也由此处发轫。

搭建沙障的工人们

1. 沙漠基因

王文彪出生在沙漠边上的村庄。童年给他印象最深的有两件事，就是饥饿和沙尘暴。在王文彪的印象中，瘦弱的母亲想尽各种办法让兄弟三人填饱肚子，但他们还是经常吃了上顿没下顿。吃饭、睡觉时周围都是沙子，沙子甚至能吹到首都北京。小时候的王文彪有两个梦想，甚至是幻想：一是像愚公那样搬走这片沙漠，让这里变成绿洲；另一个是不再挨饿。由于骨子里的沙漠基因，在王文彪眼中，沙漠还没有那么可憎，相反王文彪认为它甚至是一种财富，是有价值的东西，不是敌人，不是祸害，可以把问题变成机遇。

2. 生存需要

老百姓要生存，企业要生存，就必须把沙子治住。1988 年，王文彪到杭锦旗盐场当场长后，第一个场长令就是"5 元钱治沙"，从每吨盐的利润中拿出 5 元钱来种树，这是为了遏制风沙吞噬企业盐湖，保住企业职工的饭碗。后来亿利人修穿沙公路，也是为了生存。不修路，产品就运不出去，修了路才掀开了沙漠神秘的面纱，让亿利人对开发、利用沙漠，并实施绿化有了进一步的认识。从某种意义上说，最初进行沙漠治理完全是被逼迫的，那时候并没有生态建设的意识，更没有想到一干就是 30 年，而且创造了世界瞩目的库布其模式。

3. 产业思维

王文彪从来没有当首富的雄心壮志，就是想守着这片沙漠，让企业能活下来，能造福家乡人民，想法就是这么简单，当然，现在还想造福中国和世界上更多的沙区人民。要想活下去，就得搞产业。亿利集团就利用沙漠光热资源丰富、土地广阔的优势，发展绿色产业，通过产业带动治沙。

4. 家国情怀

　　杭锦旗库布其在 20 世纪 80 年代是非常贫穷的，人均年收入只有两三百元。王文彪是在库布其北缘出生的，人都是有情怀的。王文彪有沙漠的情怀、沙漠的基因，王文彪对沙漠的理解和别人不一样，他总是把沙漠当作一种财富，把沙漠的问题看作机遇。库布其是沙漠，也是王文彪的家园，王文彪就想尽一切办法去改变自己的家乡、建设自己的家园。再后来，亿利人把家门口的沙漠治理好，又走进祖国西部的几大沙漠，努力让祖国大地上的沙漠越来越少，绿洲越来越多。

现如今的库布其水肥草美，吸引仙鹤翩翩而降

二、库布其模式的形成：生态为先导

以生态文明建设为先导，通过"绿起来"带动"富起来"，既是库布其模式的起源，也是库布其治沙扶贫的必要途径。

46岁的库布其农民张喜旺，是亿利集团的治沙民工联队的队长。微创气流植树法是企业无偿传授给像张喜旺这样的治沙民工的专利技术。采用这种方法，两个人一天能种树 2.67 hm²，相比传统植树技术，效率提高了10倍。随着植树面积增长的，还有张喜旺的收入。原来种一天树，收入二三十元，现在企业出钱让他们种树，种一天树收入一百五六十元，加上原来固有收入，一年的收入有十几万元。如今的张喜旺，不但住上了楼房，还开上了轿车，这在20年前，是想也不敢想的事情。在治沙过程中，亿利集团先后组建了232个民工联队，5 000多人成为生态建设工人，人均年收入达3.6万元，实现了一人治沙、全家脱贫。

亿利集团治沙民工联队代表张喜旺，他因为种树成了中央电视台公益广告的男主角

沙拐枣

亿利集团库布其治沙团队在当地政府的鼎力支持和当地群众的参与下，敢于向沙漠"亮剑"，累计投入治沙资金超过38亿元，建立了全球第一所企业创办的沙漠研究院，建成了中国西北地区最大的耐旱、耐寒种质资源库，研发了200多项生态种植与产业技术，培育了1 000多种耐寒、耐旱、耐盐碱的生态种子，成为全球拥有治沙专利技术最多、技术最先进的企业。新技术的运用，大大提高了治沙效率。1/3的库布其沙漠得到绿化，沙漠的绿植覆盖率大幅度提高，沙尘天气明显减少，降水量逐年增多，沙丘平均高度降低了 50% 左右。多种野生动植物重现沙漠，生物多样性正在恢复。

生态修复带来的生态环境改善为沙区农牧民脱贫攻坚奠定了坚实基础，沙丘的固定彻底消除了沙漠边缘农田、草地和房屋被侵蚀的危险，降雨量的增加使农作物和牧草产量提高。生态环境的显著改善带动了基础设施的提升，沙漠里修了路，有了水，通了电，具备了发展沙漠产业与绿色经济的基础，为扶贫工作创造了必要的条件。

三、库布其模式的形成："产业强"带动"百姓富"

59 岁的吴直花，是杭锦旗独贵塔拉镇杭锦淖尔村村民。2008 年，黄河发生凌汛，吴直花的房子被河水冲毁，她无处居住，只得四处租房，成为国家级贫困户。为了帮助吴直花这样的国家级贫困户脱贫，在政府的指导下，亿利集团给她分了 2 hm² 沙地种植甘草，企业包种苗、包培训、包收购。在沙生经济作物中，甘草固氮量大，改善土壤效果明显，1 棵甘草就是 1 个固氮工厂。亿利集团自创了让甘草躺着生长的"甘草平移法"技术，可以让 1 棵甘草的治沙面积扩大 10 倍，并把这项技术无偿传授给像吴直花这样的农民。通过种植甘草，吴直花一家摆脱了贫困，住进了新居。牧民通过甘草根固氮治沙改土，打造生态农庄和有机田，减少沙层，变废为宝，用甘草的"甜根根"拔掉黄沙里的"穷根根"。截至目前，库布其沙漠的甘草种植面积累计超过 14 万 hm²，每 0.067 hm² 甘草可创收 400～450 元，甘草种植带动了 1 800 多户、5 000 多人成功脱贫。而且甘草种植两三年后，沙漠土质得到了改良，可以种植西瓜、黄瓜、葡萄等无污染有机果蔬。现在当地农牧民搞起了电子商务，沙地里出产的有机果蔬无污染，在网络商店里供不应求。

当地还充分利用沙漠充足的阳光资源，大力开展沙漠光伏发电扶贫。亿利集团创造了"板上发电、板间种草、板下养殖"的方式，也就是利用光伏板发电，光伏板间种草来防风治沙，光伏板下养殖牛羊，形成循环经济。并且聘请当地农牧民进行光伏设备维护与种养殖劳动，增加农民收入。

甘草种植

亿利集团通过"板上发电、板间种草、板下养殖"的方式，发展生态光伏产业

36岁的村民赵瑞是杭锦旗独贵塔拉镇的村民，负责在生态光伏基地清洗光伏发电组件、养护光伏板间种植的农作物。他表示，之前种地每年收入2 000~3 000元，光伏生态示范区建成后，优先解决当地像他一样的贫困户的就业问题，一年收入2.4万元，同时也不耽误种庄稼。在库布其生态光伏示范区，每个贫困户平均承包4 MW光伏板清洗和板间种植，每兆瓦收入可达1 500~2 000元，每年清洗4次光伏板，每人增收3.5万元，已带动1 000多人脱贫。

更可喜的是，库布其光伏扶贫模式正在走向全国。在国家级贫困县河北省张家口市张北县，亿利集团依靠自有技术，按照"板上发电，板下育苗，企农合作，绿富共兴"模式，建成了50 MW集中式扶贫电站，在沽源县建成8个2.4 MW村级扶贫电站。亿利集团还将在张北县小二台德胜村建成的0.4 MW村级扶贫电站无偿捐赠给了村里。2017年初，德胜村0.4 MW村级扶贫电站项目建成发电后，习近平总书记亲自前往实地进行了视察，对该光伏扶贫项目给予了充分肯定。2018年，该项目通过与世界领先的柔性变电站相连，使光伏发电扶贫进一步落到实处。

光伏板下养殖

生态环境的改善为农牧民发展第三产业提供了可能。很多农民在发展沙漠特色旅游上动起了脑筋。在库布其沙漠腹地，杭锦旗独贵塔拉镇道图嘎查村的牧民斯仁巴布，曾经以在沙漠里养羊和挖野甘草为生，每年收入只有两三万元。随着沙漠绿了、路通了、游客多了，他在牧民新村开了一家"草原请你来饭庄"，单餐能接待80人的旅游团。巴布的邻居高娃家，凭借研发改进的菜肴"高娃手把肉"，吸引了很多游客，牧家乐饭庄红红火火。现在，沙漠地区农牧民饭庄和沙漠旅游生意越来越好，斯仁巴布趁热打铁，购买了20多辆穿沙摩托车出租给游客，一年收入保守计算也有二三十万元。在库布其，有1 303户农牧民发展起家庭旅馆、餐饮、民族手工业、沙漠越野等服务业，户年均收入10多万元，人均超过3万元。

牧民斯仁巴布的饭庄

第四节　库布其模式的内涵

　　30 年来，特别是党的十八大以来，亿利集团在当地政府的领导下，发扬"守望相助、百折不挠、开拓创新、绿色共享"的库布其精神，累计投入 30 多亿元生态建设资金、300 多亿元生态产业资金，规模化治沙超过 60 万 hm²，带动库布其和周边 10.2 万名当地居民脱贫致富。

现如今的库布其

习近平总书记在党的十九大报告中提出，构建政府为主导、企业为主体、社会组织和公众共同参与的环境治理体系。

库布其模式的核心内涵是在习近平生态文明思想的引领下，党委、政府政策性推动，企业规模化、产业化治沙，社会和农牧民市场化参与，技术和机制持续化创新，发展成果全社会共享。

一、伟大思想引领

库布其沙漠治理的根本和关键是习近平生态文明思想的引领，是要践行"绿水青山就是金山银山"的伟大理念。在库布其治沙面临爬坡过坎的紧要关头，是习近平生态文明思想、"绿水青山就是金山银山"伟大理念成为指路明灯。如果没有习近平生态文明思想的指引，没有"绿水青山就是金山银山"伟大理念的引领，库布其治沙很可能半途而废，而不会坚持到今天，更不可能实现绿富同兴，也不会成为中国走向世界的一张"绿色名片"。

习近平总书记长期以来十分关注库布其治沙事业，2012 年以来先后 7次就库布其荒漠治理发表重要指示和论述。

2012 年 12 月 25 日，习近平总书记走访了各民主党派中央和全国工商联，同各民主党派中央和全国工商联的领导机构成员进行了座谈，并发表重要讲话，王文彪也受到了总书记的亲切接见。

2016 年 3 月 4 日，习近平总书记看望参加全国政协十二届四次会议的民建、工商联委员并参加联组会，期间听取了王文彪关于亿利集团库布其治沙扶贫的建议后表示，要持续关注和支持治沙扶贫事业。

2017 年 1 月 24 日，习近平总书记考察调研由亿利集团帮助捐建的河北省张北县小二台镇德胜村 0.4 MW 村级扶贫电站设备安全运行状态，详细了解电站如何发挥惠民扶贫作用。得知电站投入运营后，并网发电收入能让贫困户每年人均增收 3 000 元，习近平总书记表示，希望把这种切实可行的事抓紧做起来。

2017 年 7 月 29 日，习近平总书记向第六届库布其国际沙漠论坛致贺信。习近平总书记指出，中国历来高度重视荒漠化防治工作，取得了显著成就，为推进美丽中国建设做出了积极贡献，为国际社会治理生态环境提供了中国经验。库布其治沙就是其中的成功实践。

2017 年 10 月 17 日，习近平总书记在科技部上报的《关于亿利在西藏那曲高寒地区科技植树报告》上批示："当年无一棵树成活，如今科技植树有希望，我将关注。"

2018 年 3 月 5 日，习近平总书记在参加十三届全国人大一次会议内蒙古代表团审议时指出，"库布其沙漠治理获得联合国环境奖，去年还举办了《联合国防治荒漠化公约》第十三次缔约方大会。"他脱稿讲道："这个治理的经验确实是非常典型的，不仅对全国、对国际，这是我们改变生态环境的一个创举，我们要弘扬这样的精神，推广这一模式，更大力度地进行沙漠化治理。"

2018 年 5 月 18—19 日，习近平总书记在全国生态环境保护大会上对库布其 30 年治沙成效给予充分肯定。总书记强调，库布其沙漠经过 30 年治理变成了绿洲，治理面积超过 6 000 km²，让沙区十几万人受益。

伟大思想的引领，是库布其模式形成的前提和基础。库布其模式是习近平总书记"绿水青山就是金山银山""美丽中国"和"生态文明建设"三大思想的集中体现。

二、政府政策性推动

各级党委、政府对治沙工作高度关注，党的十九大报告提出开展国土绿化行动，推进荒漠化综合治理。习近平总书记、李克强总理分别向库布其国际沙漠论坛致贺电，为库布其治沙带来了巨大精神鼓舞。刘延东（2006年）、王岐山（2011年）、汪洋（2013年）、俞正声（2014年）、马凯（2017年）等党和国家领导人先后到库布其参观考察，指导库布其治沙。

国家林业、科技、环保、统战等有关部门高度重视库布其治沙，与内蒙古自治区党委、自治区政府，鄂尔多斯市委、市政府，以及联合国环境规划署、《联合国防治荒漠化公约》组织一起，十几年来坚持举办库布其国际沙漠论坛，并通过政策创新，支持亿利集团治理库布其沙漠，提升库布其治理水平，打造国际防治荒漠化典范，共同推动库布其模式在全球范围推广。

内蒙古自治区将库布其当作中国北方绿色屏障的重要关口倍加保护，鄂尔多斯市将库布其当作后花园来爱护，杭锦旗将库布其当作绿宝石般呵护。内蒙古自治区出台支持政策，实施奖补机制，充分调动企业、群众等各方力量参与荒漠化治理。鄂尔多斯市20年前就出台了沙漠的禁牧政策，推动亿利集团进行生态修复和自然修复二元方式治沙。20世纪90年代，杭锦旗举全旗之力，修建了第一条穿沙公路，打通了库布其走向世界的命脉。

亿利集团党委高度重视沙区党建工作，232支民工联队都成立了党支部，开展"一个党员就是一面旗帜"的活动。30年来，王文彪作为集团党委书记，每年差不多抽出1/3的时间深入荒漠治理一线走访调研，指挥治沙科研；与大家一起探索出"一爱四惠八增"的党建路子，在库布其沙区创办党校，在对党员和入党积极分子的培训中把党性、党建与生态修复治理和环境保护的理念、经验及技术有机结合。

现如今的库布其沙漠

三、企业规模化、产业化治沙

习近平总书记在全国生态环境保护大会上提出，要加快建立健全"以产业生态化和生态产业化为主体的生态经济体系"。亿利集团通过规模化和产业化治沙，走出了一条治沙产业生态化和生态产业化的路子，坚持先绿再富，实现绿富同兴。

规模化治沙。30年前，亿利集团就率先在库布其提出了系统化、规模化治沙的理念，提出了"一带三区"规划，即沙漠绿化带和生态保护区、过渡区、开发区，30年来一张蓝图干到底，一直到现在也没有改变。亿利集团在库布其治沙实践中探索出一条重要经验，那就是在沙漠里绿化不能小打小闹、零零星星，必须形成规模。在治沙的过程中，亿利集团在各级政府支持下，逐渐探索、完善了系统化的治沙技术，通过"锁住四周、渗透腹部、以路划区、分而治之"和"南围、北堵、中切"的策略，建设了超过 240 km² 防沙锁边林，进行整体生态移民搬迁，建设大漠腹地保护区，建设规模化、机械化的甘草基地，林、草、药"三管齐下"，封育、飞播、人工造林"三措并举"，把 6 000 km² 治理区分成 6 期，每 1 000 km² 形成一个生态单元，集中攻坚绿化。规模化治沙解决了区域生物多样性不足、生态环境系统能力差的问题，最终形成沙漠绿洲和生态小气候环境，实现了生态投资递减、生态系统效益递增的"二元效应"。

产业化治沙。产业化治沙解决了"钱从哪里来""利从哪里得""如何可持续"的问题。在生态改善的基础上，形成了"1+6"立体循环生态产业体系，实现了绿化一处沙漠，培育生态修复、生态农牧业、生态健康、生态旅游、生态光伏、生态工业六大产业。亿利集团创新"平台＋插头"的模式，引入中广核集团有限公司、天津食品集团有限公司、万达集团、泛海集团、均瑶集团、正泰集团等国企和民企与亿利集团结成投资伙伴，共同致力于产业化治沙和生态家园建设。

星空下的库布其

建立生态经济体系。亿利集团围绕沙生植物加工饲料、肥料发展了生态工业，形成"一绿＋六柱"产业治沙模式。首创"板上发电，板间种草，板下养殖"的生态光伏；依托植被恢复，发展新型生态养殖业，打造生态牧业链；种植沙生的甘草、肉苁蓉等中药材，延伸健康产业链，发展生态健康产业；打造国家级沙漠公园，吸引全球游客前来体验和认知沙漠，发展生态旅游产业，切实实现了"产业生态化和生态产业化"。

四、社会和农牧民市场化参与

亿利集团积极推动农牧民市场化参与治沙事业。当地农牧民拥有了"沙地业主、产业股东、旅游小老板、民工联队长、产业工人、生态工人、新式农牧民"等7种新身份，每一种新身份都能带来不菲收入。农牧民成为库布其治沙事业最广泛的参与者、最坚定的支持者和最大的受益者。

亿利集团科学制订沙区产业发展规划，强化利益联结机制，让沙区百姓以土地入股，通过分红的方式分享到沙漠土地资产升值的收益。鼓励农牧民参与农牧业发展，参与甘草、肉苁蓉、有机果蔬等种植加工业；同时，依托沙柳、柠条、甘草、紫花苜蓿等高蛋白沙生植物资源发展饲草加工，激发群众自发种植、养殖积极性；推动农牧民通过生态工业实现就业，建设库布其生态工业园区、库布其国家沙漠公园、沙漠生态健康产业园，参与生态修复产业、能源产业和沙漠旅游业；资助当地建档立卡贫困家庭子女接受职业教育，促使当地贫困学生学习生态环保绿色产业的专业技能，鼓励他们积极投身生态环保事业。

鼓励全社会参与治沙。与蚂蚁金服合作，吸引全球支付宝用户群体参与亿利集团在库布其的治沙行动，研发"i森林"微信植树小程序，通过"互联网＋公益"的模式动员全社会参与库布其植树治沙事业。

生态数据展示中心

五、技术和机制持续化创新

亿利集团提出，治沙一天不止，创新一日不停。30 年来，亿利集团库布其治沙的创新成果主要体现在 4 个方面：理念创新、技术创新、机制创新和模式创新。

1. 理念创新

人们总把沙漠看成很可怕、很讨厌的东西，而亿利人从开始就把沙漠当作资源去认识，把问题当机遇，把沙漠当财富。这与亿利人与生俱来的沙漠基因息息相关。

2.技术创新

技术创新始终推动着亿利集团治沙事业的快速发展。30年来,亿利集团共获得专利项目343个,其中,党的十八大以来获得的专利项目就高达290个,占总数的85%,平均每年有几十个科技攻关项目立项。亿利集团研发了世界领先、简单实用的"微创气流植树法","甘草平移治沙技术",高寒、高海拔地区植树技术等三大核心技术,大大提高了治沙效率,大大提升了植物成活率,大大减少了治沙投资。亿利集团培育了100多种耐寒、耐旱、耐盐碱的植物种子,这是治沙之本、治沙利器。亿利集团在30年积累的海量沙漠生态数据的基础上,创新了生态大数据服务,研发了无人机植树、机器人植树等现代技术。

3.机制创新和模式创新

亿利集团在库布其治沙实践中始终坚持"三个结合",即绿起来与富起来相结合、生态与产业相结合、生态治理与企业发展相结合,实现了多方共赢,走出了一条"治沙、生态、产业、扶贫"四轮平衡驱动的可持续发展之路,建立了党的十九大报告提出的"政府为主导、企业为主体、社会组织和公众共同参与"的环境治理体系。

六、发展成果全社会共享

习近平总书记指出,良好的生态环境是最普惠的民生福祉。共享是习近平总书记新发展理念中的重要一环。库布其治沙模式和经验已经推广到新疆塔克拉玛干沙漠、甘肃腾格里沙漠、内蒙古乌兰布和沙漠等我国各大沙漠,并在西藏、青海等生态脆弱地区成功落地,通过连续十几年举办库布其国际沙漠论坛,将库布其沙漠治理的理念、技术、经验、模式与世界共享。

1. 成果共享

库布其沙漠治理把千年荒芜的沙漠变成了绿水青山，变成了生态系统稳定的绿色家园，变成了山、水、林、田、湖、草相统一的生命共同体，变成了"金山银山"，彻底改善了沙区及周边几十万人的生存环境，从根本上遏制了北京沙尘暴，是贡献给全人类的宝贵财富。

2. 理念共享

亿利集团的库布其治沙实践告诉世界，沙漠不完全是有害的，通过治理可以变害为利，沙漠与人类可以是和谐共生的关系。

3. 技术共享

亿利集团在实践中发明的十大种植技术都免费公开推广。200多个民工联队，人走到哪里，技术就带到哪里。

4. 机制和模式共享

依托库布其国际沙漠论坛实现了与国际社会共享库布其模式。10多年来，先后有1 000多位国内外政要、专家学者和公益环保代表出席论坛，交流探讨全球荒漠化防治大计，学习中国防沙治沙经验。库布其国际沙漠论坛向全球展示了中国治沙成就和库布其治沙经验成果，被作为全球防治荒漠化的重要平台写入了联合国决议。

第三章

生态修复技术

作为全球领先的生态环保服务提供商，亿利集团始终致力于生态修复和绿色生态产业的融合发展，这对科技提出了高要求。"科技为本，创新为魂"。亿利集团 30 年来持续创新，推动生态技术不断升级，让科技真正成为"库布其模式"成功的基础，成为亿利集团的灵魂。

30 年来，亿利集团积累了包括无人机植树法、微创气流植树法、风向数据植树法、甘草平移治沙技术等在内的 100 多项生态修复技术和 100 多个沙漠生态工艺包，积累了主要包括土壤修复领域（13 项）、水环境修复领域（28 项）、矿山修复领域（14 项）、空气净化领域（3 项）、生态种植领域（包含高寒地区生态建设）（24 项）在内的近百项生态类国家专利。亿利集团还通过收购荷兰弗家园公司、设立亿利欧洲生态创新中心等，获得世界领先的土壤原位修复技术、先进的臭氧水修复技术、工业污染水和农业废水的原地修复技术。

2019 年 1 月 8 日，亿利集团深度参与的"风沙灾害防治理论与关键技术应用"项目，荣获 2018 年度国家科技进步奖二等奖，"亿利技术"获得了国家级认可。

在"从沙漠走向城市"的过程中，亿利集团以荒漠化土地生态修复技术为核心，逐步建构起包括种质资源保护、防沙治沙、节水灌溉、荒漠造田、苦咸水治理、盐碱地改良、沙漠资源能源利用、荒山绿化、矿山修复、河道综合治理等在内的全域生态修复技术体系。

国家科学技术进步奖
证　书

为表彰国家科学技术进步奖获得者，
特颁发此证书。

项目名称：风沙灾害防治理论与关键技术应用

奖励等级：二等

获　奖　者：亿利资源集团有限公司

2018 年 12 月 12 日

证书号：2018-J-231-2-04-D02

亿利集团获奖证书

亿利集团部分专利清单

序号	申请号	申请日	公开（公告）号	公开（公告）日	发明名称
1	CN2016204450079	2016.05.16	CN205691386U	2016.11.16	一种土壤气体采集装置
2	CN2015206571957	2015.08.27	CN204907244U	2015.12.30	旱区植被修复系统
3	CN2015206577402	2015.08.27	CN204919559U	2015.12.30	地裂缝的修复系统
4	CN2007100217189	2007.04.20	CN100494091B	2009.06.03	一种修复矿山生态环境的方法
5	CN2010101410221	2010.04.07	CN101838025A	2010.09.22	一种利用树脂基 PRB 技术去除地下水中有机污染物的方法
6	CN2009101621588	2009.08.06	CN101607778B	2012.05.23	一种人工浮岛的水体净化方法
7	CN200910093201X	2009.09.15	CN101654661B	2012.07.04	一种生物修复石油污染的方法及其专用菌株
8	CN2012102330280	2012.07.06	CN102730818A	2012.10.17	一种基于脲酶固定化纳米膜修复水体富营养化污染的方法
9	CN2011103401861	2011.11.01	CN102498875B	2013.03.06	一种在岩质边坡构建灌、草植物群落的方法
10	CN2010105800861	2010.12.09	CN102251775B	2013.07.03	一种煤矸石山生态修复方法
11	CN2011104433272	2011.12.27	CN102559549B	2013.11.06	干旱荒漠嗜盐碱微生物菌剂及其制备方法与应用
12	CN2013100651578	2013.03.01	CN103172228B	2014.04.02	一种城市河道底泥原位修复的方法
13	CN2014205140047	2014.09.09	CN204035180U	2014.12.24	一种集成式生活垃圾综合分选与资源化系统
14	CN2013101930906	2013.05.22	CN103304093B	2015.01.07	一种市政污水深度脱氮除磷的装置及方法
15	CN2012104929501	2012.11.27	CN102974602B	2015.06.17	一种重金属污染土壤修复装置及方法
16	CN201510870364X	2015.12.01	CN105314799A	2016.02.10	一种调蓄净化系统
17	CN201510941797X	2015.12.15	CN105421192A	2016.03.23	一种路面用透水砖
18	CN201520508736X	2015.07.14	CN205116186U	2016.03.30	矿山坡面用植生空心砌块和矿山坡面
19	CN2015208275040	2015.10.22	CN205142959U	2016.04.13	治理石漠化的林塘集成系统
20	CN2015208127655	2015.10.19	CN205142818U	2016.04.13	湖沼周围盐碱地改良系统

第一节 治沙改土

一、微创气流植树法

微创气流植树法以水流为动力，在沙地中冲出栽植孔洞，将沙柳扦插到深沙层，促使沙柳与沙层紧密结合。传统植树必须要经过挖坑、植苗、填土、浇水，种 1 棵树需要 10 多分钟，采用微创气流植树法，4 项工序一次性完成，种 1 棵树只要 10 秒钟，树木成活率由 20% 提高到了 80% 以上。

1. 技术简介

（1）水源准备。在沙漠造林地打多个水井。

（2）种苗准备。沙柳插条：选择长度为 1.2~1.5 m、直径大于 0.8 cm 的枝条，并将苗条浸泡水中，吸水；杨树或旱柳插穗：选择种苗高度为 3.5 m，胸径在 3 cm 以上，种植前在水中浸泡，吸水。

（3）种植。用离心水泵将水井中的水抽出，直接将水喷射在沙漠造林地中，形成深度为 1.2~1.5 m 的栽植孔，将准备好的种苗插入，并用水将种苗周边的沙土冲入空隙，填满封实，同时充分浇水。

2. 主要优点

减少了土壤扰动；保护了土壤的墒情和原有结构；瞬间冲洞形成保水防渗层，每棵树只需要 3 kg 水。采用这项技术可以在沙丘的任何位置将树种活，彻底颠覆了传统的打网格种树理念。

算一笔经济账：亿利集团这项专利节约了投资，节约了用水量，节约了人工，大大提高了种树效率。采用这项技术每 0.067 hm² 治理区省 1 200 元以上，其中仅打网格就节省了 800~1 000 元。亿利集团在 2009 年发明了这项专利技术，9 年来共种植树木约 10.27 万 hm²，节约费用 15 亿元以上。

30 年来，亿利集团采用微创气流植树法等生态科技成果，治理沙漠61.13 万 hm²，将沙漠土地变成农业、工业、生态用地，库布其植被覆盖率已达 53%。在生态修复的基础上，亿利集团构建起一二三产业融合发展的绿色循环产业体系。

2011 年，在第三届库布其国际沙漠论坛上，亿利集团宣布将这项技术向全球免费推广应用，目前周边已经有很多地区采用了该技术。亿利集团对 232 支民工联队进行培训，让他们带着该技术走向中国西部几大沙漠，广泛推广到科尔沁、毛乌素、乌兰布和、腾格里、塔克拉玛干等地。

微创气流植树法

二、螺旋钻孔植树法

螺旋钻孔植树法又称"干法种植"，也是微创植树法的一种。它是用电钻在沙地表面钻出栽植孔，再将浸泡后的灌木插条插入栽植孔中，最后向栽植孔中依次填入湿沙和干沙。螺旋钻孔植树法可以用微动力带动螺旋钻打孔，插入苗条后夯实沙土，对周围土壤扰动小，土壤墒情好，并且显著提高了植树的速度，10 秒钟就可以种下 1 棵树。

该技术是微创气流植树法的有力补充，在地下水位较深的区域，可以优先选择螺旋钻孔植树法，成活率可达到 70% 左右。该技术从 2013 年起随着亿利集团生态修复业务的推广，应用到云南、贵州、西藏、河北等地的项目，效果良好。

螺旋钻孔植树法

三、风向数据植树法

过去，亿利集团在沙漠种树，需要用推土机把大沙丘推平，每 0.067 hm² 需要 1 500~2 000 元，投入大，而且违背了自然和生态规律。

2009 年，亿利集团发明了微创植树技术之后，充分运用大数据原理，对过去一些地区使用的"前挡后拉"植树办法进行融合再创新。通过大数据精准判断沙漠风沙运动规律，精准测量沙丘迎风坡植树的位置，与微创气流植树法结合，破解了沙漠斜坡流沙大、挖坑难的问题。利用"风、树、沙"互动的原理，实现了"风吹、树挡、沙降"，可谓是"大自然改造大自然"的杰作。

微创气流植树法与风向数据植树法互相补充，相得益彰，在库布其沙漠地区大范围运用，使得整个沙漠的高度降低了 50%。

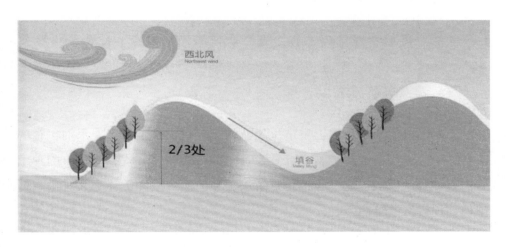

风向数据植树法示意图

风吹、树挡、沙降

四、无人机植树法

无人机植树法是利用卫星定位导航的无人机，携带专利凝水剂包裹的植物种子，采用高频度、精准计算行株距的空中喷射方式，将包衣的种子撒播在种植区域内。这一技术重点解决了在广袤沙漠和沼泽地人难进、树难种、种树贵的难题。

目前，亿利集团已经完成第一代无人机的制作、应用，正在进行第二代无人机的科研攻关。

无人机调试

无人机飞播

五、甘草平移治沙技术

甘草是免耕无灌溉、容易在沙漠中生长的豆科类植物,根瘤菌十分丰富,是治沙绿化改土和生态产业化的先锋植物。亿利集团多年来专注于甘草种植方法的研究,发明了甘草平移半野生化的种植技术,特点是让甘草横着种、横着长,长得好、长得快。

传统的甘草种植方法是竖着种、竖着长,每株仅能治理 $0.1\ m^2$ 沙漠,不具备规模化、机械化种植和采挖的条件,而且采挖时破坏生态非常严重。甘草平移治沙技术实现了浅层生长,不破坏生态,一株甘草平移种植较传统法种植扩大 10 倍绿化面积,实现了规模化、机械化、产业化。

甘草已成为亿利集团治沙的重器,在库布其模式的推广过程中,甘草"打头阵",并在西部沙漠成功落地。

甘草横着种、横着长,长得好、长得快

第二节　高原极端逆境树木栽植管护技术

2016 年起，亿利集团承担西藏那曲 4 600 m 海拔植树科技攻关项目，挑战"生态科学禁区"。

为了对抗极端低温、多风、缺氧、强辐射等恶劣的自然环境，亿利集团联合国内知名研究机构和高校，以"生长限制因子探究—优质种质资源筛选—适生植物扩繁—低温菌群开发利用—极端逆境栽植管护技术—技术集成绿化示范"为整体研究思路，研发了集"防风、防寒、防紫外线"和"保肥、保水、保温、保土"为一体的"三防""四保"高原极端逆境植树技术体系，有效提高了引种植物成活率和越冬保存率。该项目已取得阶段性成果。

专家团队正在建设"北京—库布其—青海—拉萨—那曲"五级联动种质体系，加强种苗培育和驯化、数据采集和分析，深化高海拔地区植物生长机制研究，努力实现"三年成功、十年成林"的目标。

那曲植树

61

第三节 种质资源技术和生物多样性

　　种质资源是生物多样性的重要组成部分，是人类赖以生存和发展的物质基础。

　　30年前能在库布其生长的植物寥寥无几。为了绿化库布其沙漠，亿利集团不仅利用了当地的原生态植物，还引进了同纬度其他地区的"三耐（耐寒、耐旱、耐盐碱）植物"，丰富了库布其沙漠的植物多样性。

　　在国家林业和草原局的支持下，亿利集团在综合了近30年保护、引种、驯化、开发沙漠种质资源的基础上，于2015年7月投资建成中国西部最大的种质资源库。

　　该库总占地面积为 1 500 ㎡，包括 5 间种子低温保存库、用于种子研究及水土分析的系列实验室及种质资源库展厅，保存了 1 040 种沙漠种质资源，涵盖了药用植物、沙生灌木植物、珍稀濒危植物、沙生草本植物、生态修复植物 5 大类，成功培育并应用了 238 种。

　　该库于 2016 年 11 月获批国家林业局（现国家林业和草原局）第二批国家林木种质资源库，被正式命名为"库布其濒危和沙生植物国家林木种质资源库"。

　　亿利集团的种质资源已经成功输出到新疆塔克拉玛干沙漠、甘肃腾格里沙漠、西藏那曲等地区，有力地促进了当地的生态环境改善——从库布其沙漠引种到南疆的 18 种植物，成功了 11 种；那曲高原科研项目中越冬成活率 70% 以上的物种中有一半是从库布其沙漠引种的。未来，亿利集团的种质资源还将通过"一带一路"平台，输出到世界其他荒漠化地区。

种质资源技术成为亿利集团最具竞争力的核心技术之一。

种质资源库

第四节　生物菌技术

　　亿利集团参与国家重点研发计划，建立中国主要干旱地区和盐碱地土壤微生物数据库，对关键且可分离和培养的菌种进行收集和储存，构建了中国干旱地区土壤微生物菌种库；并以"菌肥""菌剂"为载体，在生态修复中，形成了完整的微生物应用体系，该体系成为生态修复不同阶段土壤肥力改良的关键技术支撑。

现如今的库布其

第五节 生态大数据

多年来，亿利集团在生态环境领域沉淀和积累了丰富的生态环保核心数据和资料，通过与国内外科研院所深度合作，开发建设了山、水、林、田、湖、草物联互联传感系统，为生态环境提供在线监测、分析、预警，实现了水文监测和污染治理服务，为城市防汛数据采集、预警、应急提供了支持，提供了绿化造林大数据采集、分析，生态农业大数据采集、分析以及工业园区污染云检测等。

以上各项数据的采集、沉淀、分析，为污染土地、湖河的治理，荒漠化、盐碱化土地的修复，生态景观的提升，因地制宜地提供综合系统解决方案，也更有效地为改良后的土地、河流、湖泊、生态环境提供持续监测服务，为生态公园、旅游、康养等产业导入提供升级服务，被誉为"生态医院"。

采集数据已经覆盖中国八大沙漠（塔克拉玛干、古尔班通古特、巴丹吉林、腾格里、柴达木盆地、库姆塔格、库布其、乌兰布和），四大沙地（科尔沁、毛乌素、浑善达克、呼伦贝尔）以及青藏高原地区，并正在向"一带一路"沿线延伸。

用大数据实现对生态关键信息的监控

第六节　沙化土地改良技术

　　亿利集团以沙漠生态产业产生的工农业废弃物（粉煤灰、畜禽粪便、作物秸秆、豆科绿肥等）为原料，进行资源开发利用，采用堆肥方式生产有机肥，然后将有机肥配施一定量的沙漠防渗保水保肥剂，探索出了一种高效、低廉、新型的沙化土地改良技术。

沙化土地改良技术

第七节 有机田

亿利集团使用无污染并远离污染源的沙漠修复土地技术，按照亿利集团有机田的建设标准，通过土壤培肥、水资源配给和基本设施建设打造适用于有机农产品生产的土地。

亿利集团有机田对土、水、空气均执行严格标准——土壤质量不低于二级标准（执行 GB15618 — 1995 标准），灌溉用水标准采用 GB5084 — 2005 标准，环境空气质量按照 GB3095 — 2012 的二级标准执行。

亿利集团禁止在有机田生产体系中引入或使用转基因生物及其衍生物，包括植物、动物、种子、繁殖材料及肥料、土壤改良物质、植物保护产品等农业投入物质。

此外，通过采取施用农家肥、秸秆还田、深耕深松、免耕留高茬等措施，土壤耕作层有机质含量提高了 0.1% 以上。

亿利集团有机田田间道路建设分干道、支路两级，干道要与乡、村公路连接，部分主干路段可实现硬质化，能满足农产品运输和中型以上农业机械的通行。

在有机田范围内，亿利人按照一定的比例在特定区域内建立定点动态监测系统，实时对大气环境、土壤环境、水资源环境进行动态监测和静态监测，定期或不定期对水、土、空气等指标进行抽样检测和监控，一旦监测到污染源，系统就会预警提示，以便及时采取有效措施加以整治，从源头上保证了有机田农产品生产的安全可靠。

亿利集团有机田实行严格的田间管理，采用非化学方法清除田间杂草。综合运用各种防治措施，创造不利于病虫草害滋生和有利于各类病虫草害天敌繁衍的环境条件，保持农业生态系统的平衡和生物多样性，减少各类病虫草害所造成的损失。

良田万顷，绿野茫茫

第八节　盐碱化地区生态修复技术

亿利集团经过多年研究实践，总结并应用了包括生物改良技术、化学改良技术和工程改良技术在内的盐碱化地区生态修复技术，在盐碱地改良方面取得了较好效果。

以天津亿利国际生态旅游岛为例，该项目位于天津中新生态城静湖西岸，以"一湖三岛"为总体功能布局，拟打造成一个集生态景观、都市农业、家庭娱乐、水上休闲、绿色餐饮等功能为一体，可四季观光旅游的生态旅游公园。

盐碱地是影响生态城开发的重要因素，亿利集团采用排盐层铺设、SOS微生物改良等技术对不同类型的盐碱化土壤进行改良。

经过多年的不懈努力，昔日的污水库变身为美丽清澈的湖泊，湖里的部分污染底泥经科学处理后在湖边化为岛屿。新奠基的生态岛项目陆地面积为 42 hm^2，水域面积为 118 hm^2。除了净化改良水域，该项目还对原有垃圾填埋场盐碱地块进行深度生态修复，使污染场地"变废为宝"。

亿利国际生态岛盐碱地改良前

亿利国际生态岛盐碱地改良后

第九节　退化河道生态修复技术

亿利集团对退化河道生态修复进行了积极探索，研究、实践并总结出了人工强化河流自净技术、生态混凝土技术、河内植物栽培技术、改善河道内局部地貌特征技术、岸区生态防护技术等一系列退化河道生态修复技术。

以内蒙古乌兰察布霸王河综合治理项目为例。

霸王河是乌兰察布的"母亲河"，全长 21 km，在治理前已被严重污染。主要是周边城市生活污水、工业污水排放，加上常年对河床两侧进行采石开挖，河道破烂不堪。

2010 年，亿利集团与集宁区政府签署了霸王河综合治理协议。项目从功能上规划为 3 段，上游段为生态观光体验区，中游段为城市人文景观区，下游段为生态湿地恢复区，建设内容包括河道整治、护岸、拦河建筑、滨河路、两岸景观及绿化、桥梁装饰工程等。该工程的实施对缓解集宁区水资源短缺压力、改善城乡人民居住和生态环境、提升城市品位、推动当地经济发展具有重要意义。

经过两年多治理，霸王河重现生机，区域生态环境系统逐渐得到恢复，被国家林业局（现国家林业和草原局）批准为国家级湿地试点公园。随着自然生态环境的改善及基础配套设施的提升，霸王河公园已成为乌兰察布市旅游景观胜地。

霸王河治理前

霸王河治理后

第十节 矿山修复技术

矿山修复即通过对矿业废弃地的修复，实现对土地资源的再次利用。修复的关键在于恢复系统的非生物成分的功能，进行植被的恢复及动物群落和微生物群落的构建，包括土地复垦、土壤治理改良、植被修复、景观恢复等。

以陕西省泾阳县嵯峨山废弃石灰岩矿山修复为例。

该项目距离泾阳县城约 18 km，总面积为 1.83 km²，此前因为露天开采采用重力式下落采矿法，造成了大面积山体裸露，使得嵯峨山可视景观差，生态环境破坏严重。矿山于 2012 年关闭，2015 年 12 月被泾阳县政府定为"旱腰带"区域矿山生态修复试验段。

亿利集团接手项目后，针对项目区存在的不良地质环境问题，综合考虑地理环境、地质灾害治理及地质环境恢复，确保采场边坡稳定；对矿区内地质环境问题实施削坡、修建台地等工程；对区内废石渣土堆积地块实施平整、生态修复等工程；在开采面山脚处利用碎石压脚并增加挡土抗滑措施以稳定边坡，同时修建光伏发电及截排水工程等。

亿利集团通过运用修复技术，消除了矿山地质灾害隐患及其带来的危害，减轻了矿山环境污染，恢复了土地功能，实现了植被重建，美化了矿山生态环境，有效改善和保护了地质环境，促进生态体系的良好发展。

"旱腰带"矿山修复前

"旱腰带"矿山修复后

第四章

生态产业化

为了实现生态服务的可持续性，亿利集团 30 年来在库布其沙漠一直坚持产业化治沙。

早在 1992 年，王文彪便大胆提出"库布其沙漠经济学"这一理念。在该理念的指导下，亿利集团把库布其核心区规划为"一带三区"——沙漠绿化带和生态保护区（约 4 500 km²）、过渡区（约 1 000 km²）、开发区（约 500 km²）。

30 年来，在党和政府的支持下，亿利集团累计投入公益性治沙资金 33 亿元、产业性治沙资金 300 多亿元，携手社会投资者和当地农牧民，严格按照"一带三区"规划，构建"1+6"生态绿色循环产业体系——以生态改善为基础，培育生态修复、生态农牧业、生态健康、生态旅游、生态光伏、生态工业，形成"六生态"产业结构，实现"治沙、生态、产业、扶贫"四轮平衡驱动，实现"生态与生意相结合、公益与产业相结合、输血与造血相结合"，实现"绿富同兴"。

第一节　生态修复

　　生态修复即采用新技术对荒漠化、石漠化、盐碱化土地以及受污染水资源和遭到破坏的草原生态环境进行治理，同时引进植物品种开发、栽培以及退化土地的系统恢复、重建和改进等农林生产活动。

库布其生态修复成果

　　亿利集团在库布其植树造林始于1988年。当时，为了避免盐湖遭风沙吞噬，亿利集团组建了一支 27 人的林工队，从每吨盐的利润中拿出 5 元，围绕盐湖种树、种草。

30 年来，三代治沙人历经被动治沙、主动治沙、产业化规模化治沙等阶段，在沙漠生态修复领域取得了非凡成果。

2017 年 9 月 11 日，联合国环境署发布的《中国库布其生态财富评估报告》，权威认定库布其修复绿化沙漠 6 253 km^2，固碳 1 540 万 t，涵养水源 243.76 亿 m^3，释放氧气 1 830 万 t，生物多样性保护产生价值 3.49 亿元，创造生态财富 5 000 多亿元，带动当地民众脱贫 10.2 万人，为 100 多万人提供了就业岗位。

6 253 km^2 是什么概念？相当于 1 个上海市，或者 9 个新加坡。NASA（美国国家航空航天局）卫星数据显示，全球近 20 年来增绿 5.18 亿 hm^2，其中约 0.1% 是库布其的功劳。

经过多年努力，库布其沙漠出现了约 6.7 hm^2 厘米级厚的土壤迹象，改良了大规模的沙漠土地，初步具备了农业耕作条件；生物多样性得到了明显恢复，出现了天鹅、野兔、胡杨等 100 多种绝迹多年的野生动植物。植物种类明显增加，虽然仍以人工种植植物为主要优势植物，但人工种植植物的优势度已经随着修复年限的增加而呈现出明显下降的趋势，更多自然伴生植物开始发挥作用，自然植被演替过程开始自发形成。同时，野生动物开始增加，2013 年，沙漠来了七八十只灰鹤，2014 年又出现了成群的红顶鹤。据不完全统计，库布其沙漠的主要动物种类已经增加到近 80 种。

今天，依然有 232 支民工联队、数千人奋战在生态修复一线。

2000 年库布其沙漠卫星遥感图

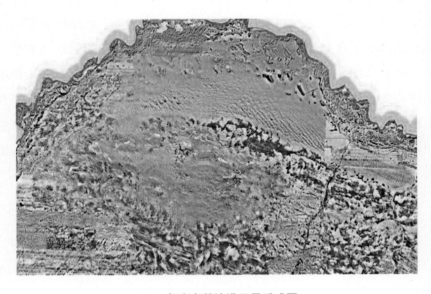

2014 年库布其沙漠卫星遥感图

生态多样性恢复（一）

生态多样性恢复（二）

虽然植树造林本身带有浓厚的公益色彩，但能不能引入商业化手法降低成本呢？亿利人一边植树治沙，一边思考。亿森林项目由此诞生。

在亿森林项目诞生之前，亿利集团已经与蚂蚁森林合作多年。

蚂蚁森林小程序

2016年8月，支付宝平台上线个人碳账户——蚂蚁森林，鼓励并记录用户各种低碳环保行为，计算出虚拟的"绿色能量"，帮助用户在线上栽培一棵棵虚拟树。当这些虚拟树被养大到一定程度，支付宝就会和合作的公益伙伴在线下种1棵实体树。

作为蚂蚁森林项目线下执行方之一，亿利集团已在库布其、阿拉善、甘肃武威地区累计种植300万棵沙柳、447万棵梭梭树，绿化沙漠近6 666.67 hm^2。

在与蚂蚁森林多年合作的基础上，亿利集团策划并推出了亿森林项目。

亿森林小程序

　　亿森林是一个"互联网 + 全民种树"的绿色公益社区。

　　2018 年 12 月，亿森林全新改版上线了以微信小程序 +APP（应用程序）为载体的"亿森林小程序"，以此打造集公益化、场景化、社交化、多元化为一体的特色商业模式。

亿森林小程序利用微信的社交功能，以游戏化养成的方式，调动全民互联网种树的积极性。用户可以通过低碳出行、资源节约、循环利用等环保生活行为累积公益积分，从而实现在库布其沙漠种树的愿望。当用户在线领养的柠条、花棒、樟子松等树木成熟后，亿森林将在库布其沙漠实地代为种养 1 棵树木。

用户也可以通过购买认领树苗，委托亿森林平台代为植树。

用户还可以喂养宠物，宠物探险也会带回"库币"等物品，当游戏中的树木养成后，亿森林将以用户的名义在库布其沙漠中种下 1 棵树，并向达到标准的用户颁发义务植树证书，未来植树人可以通过小程序看到自己种下的树，并且亿森林团队还为植树人提供公益权益，包括提供沙漠健康产品回馈、沙漠食品回馈、沙漠美丽护肤品回馈等。

亿森林计划 3 年内植树 1 亿棵，并与亿利集团其他产业板块合作，打造最大的沙漠题材电商平台。

第二节 生态农牧业

亿利集团依托生态建设成果，示范推进生态农牧业建设，使"农、林、牧、草"良性互动。

亿利集团在库布其、乌兰布和、腾格里沙漠等地，完成了 6.67 万 hm^2 良田的改造。亿利集团有机田为生态农牧业的发展奠定了最坚实的基础。

沙柳等耐旱植物具有"平茬复壮"和"蛋白饲料"的生物习性，长 3 年割掉后长得更旺盛。沙柳通过机器被加工成沙柳粉，沙柳粉是饲养牛、羊、猪的优质有机饲料。

亿利集团携手合作伙伴，通过利用物联网、大数据等技术手段，在库布其等沙漠发展智慧农牧业，开发和运营亿利有机田，在大漠中发展起了生态农牧业，提供土豆、西红柿、西瓜等果蔬以及牛、羊、猪等畜牧产品，成为京津冀地区的"菜篮子"和"肉篮子"。

为了保证绿色、有机，亿利集团始终坚持"不用农药、不施化肥"。

亿利集团有机田实行农牧交替、土地休养的方式。如在同一地块，前几年可种植牧草，同时以散养模式发展牛、羊、猪畜牧业，在牧草满足饲草料的同时，牛、羊、猪的粪便可作为有机肥，增加沙漠土地有机质，3~5 年后土地得到改良，牲畜由散养改为圈养。土质得到改善后便可全部种植农作物，发展有机农业。牲畜粪便可为农作物生长提供有机养分，农作物秸秆反过来又可饲喂牲畜，产出高品质有机食品，实现了"草养了牛，牛粪改造了土地，甘草地下生金"，以完全生态和生物循环措施，打造沙漠特有的"有机田"安全食品生产体系。

库布其未来的计划是，运营 6.67 万 hm² 良田，每年养殖 100 万只羊、10 万头牛、100 万头猪。

库布其草莓

库布其西红柿

库布其生态养牛

第三节　生态健康

生态健康是亿利集团旗下非常重要的产业化板块。亿利集团主打"一草一蓉"战略，以甘草、肉苁蓉为主要原料，研发、生产和销售绿色安全、具有沙漠生态元素的保健食品、饮品和化妆品。

一、甘草全产业链

甘草既是治沙神器，又具药用及经济价值。

亿利集团本着生态产业化原则，重点创建了从甘草原料销售，到中蒙药开发，再到甘草更深层加工的全产业链模式。每年实现十几亿的销售收入，超过 1 亿的利润，扶贫近 2 000 户，5 500 多人从中受益。

亿利集团通过"公司 + 农户"方式，在全国各地建成 725 个获得 GAP（良好农业规范）认证的甘草种植基地，累计面积近 33.33 万 hm^2，其中库布其一地就达到 14.67 万 hm^2。

所产甘草为"梁外"牌和"西北沟"牌，以"皮色红、质坚体重、粉性足、含酸高、切面光"驰名中外。

标准地道的原药材基地，为产品质量提供了优质的源头保证，复方甘草片、甘草良咽糖、甘草甜素片等成为亿利集团的拳头产品。

复方甘草片品质优良、销量增长快，目前全国每 20 片复方甘草片中就有 1 片为亿利集团生产。2018 年实现销售额 4 107 万元，产品覆盖全国

15个省、1个直辖市、167个地级市，合作优质客户307家。

该模式实现了一举四得，即绿化了沙漠，促进了甘草产业的发展，修复了土地，带动了贫困户脱贫；赚了"六份钱"，即农牧民赚了种植甘草和加工甘草的钱，企业赚了土地增值和甘草产品产业化的钱，政府赚了生态改善和人民安居乐业的钱。在"甘草治沙改土扶贫"模式中，不仅所有的参与主体均能获得正收益，而且形成了人与自然环境的友好共存、和谐发展，成为一个可持续的商业模式。

亿利集团在库布其沙漠种植了 14.67 万 hm² 甘草

二、"沙漠人参" 肉苁蓉

肉苁蓉在中国有 2 000 多年的使用历史，始载于《神农本草经》，是扬名四海的名贵中药材，被誉为"沙漠人参"。

目前，库布其肉苁蓉的种植面积大约为 2 万 hm²。亿利集团拥有肉苁蓉种植、提取与生物技术开发、终端保健产品产业化全链条运营体系。

其中，大漠传奇牌肉苁蓉片，为目前国内唯一的一款肉苁蓉单方产品，精选阿拉善优质荒漠肉苁蓉为唯一原料，运用先进的物理研磨粉碎技术，保证破壁率的同时，保留了肉苁蓉的全部营养价值，产品一上市就受到了众多消费者的青睐。

亿利集团在库布其种植了约 2 万 hm² 肉苁蓉

第四节 生态旅游

依托沙漠特有的自然风光和近 30 年的生态建设成果，以及多处历史人文遗迹，亿利集团在库布其沙漠开展保护性旅游开发，打造"大漠星空、生态体育、赛马文化、冰雪世界"等特色旅游项目，开展体验、认知、教育式的沙漠生态旅游，每年接待游客 30 万人次。

未来，亿利集团将引入更多体验感强的旅游项目，继续打造库布其旅游品牌，实现每年接待 100 万人次游客的"小目标"，同时景区将完善配套设施建设，为游客提供具有浓厚大漠风情的"吃住行游购娱"一站式独特体验。

库布其沙漠公园七星湖景区是国家"AAAA"级沙漠生态旅游度假区，曾先后获得"全国首批低碳生态旅游示范景区""国家水利风景区""国家

库布其沙漠公园七星湖景区

沙漠旅游实验基地""鄂尔多斯市国家沙漠地质公园""中国沙漠（七星湖）汽车越野训练基地""中国最美沙漠观星地""中国十佳主题酒店""最佳生态旅游目的地""'一带一路'国内精品文旅特色线路"等称号。2011年被联合国确定为"库布其沙漠论坛"会址。2015年，国家林业局（现国家林业和草原局）批复建设33个国家沙漠公园，库布其沙漠公园位列其中。

七星湖景区位于浩瀚的库布其沙漠之中，景区规划面积为 10 315 hm²，其中水域面积为 114.6 hm²，芦苇湿地面积为 40.7 hm²，草原面积为 380 hm²，沙漠面积为 383.7 hm²，修复后绿地面积为 9 396 hm²。

一簇簇顽强的绿色植物，从道路两边沿着绵延起伏的黄色沙丘铺展，景区观光线路为 57 km，环湖观光线路为 28 km，拥有世界权威达喀尔（官方）越野培训线路。一望无际的库布其草原、7 个波光粼粼的天然湖泊、标准的 18 洞高尔夫球场与雄浑的沙漠景观完美融合，全面展示了库布其沙漠生态治理的显著成效，让畅游沙漠绿洲变为现实、成为可能。

库布其国家沙漠公园导览图

　　七星湖景区地理位置优越、交通十分便捷，北接京藏高速和110国道，南临109国道、201国道、沿黄一级公路和包茂高速，距呼和浩特市360 km、包头市160 km、鄂尔多斯市260 km，巴彦淖尔天吉泰机场、包头东河机场和鄂尔多斯伊金霍洛国际机场三大机场将其环抱其中。特别是，库布其沙漠距离北京仅800 km，是离北京最近的沙漠，七星湖景区可以充分挖掘北京2 000多万人口的旅游市场价值。

　　库布其沙漠公园依托得天独厚的优势，将沙漠、草原、湖泊、湿地等美景，与朔方古城等历史遗迹及库布其国际沙漠论坛会址等现代建筑，充分结合起来，推出大漠星空、沙漠驼铃、沙打旺高尔夫、低空飞行、热气球、皮划艇、沙漠冲浪、沙漠奔奔车等项目，对外承接国内外大型赛事或高规格活动，全面打造集康养、休闲、娱乐、探险、生态、会务为一体的旅游休闲度假区。

沙漠驼铃

朔方古城

穿沙自驾

沙漠奔奔车

科技体验

第五节　生态光伏

　　库布其沙漠全年日照时长可达到 3 180 h，加上拥有丰富的沙漠未利用土地资源，特别适合发展光伏产业。

　　亿利集团创新集成光伏发电、光热发电和储能技术，打造生态光能产业基地，并在荒漠化地区创新实施"发电＋种树＋种草＋养殖＋扶贫"特色生态光能产业，实现了生态、经济、社会多重效益。

　　2015 年，亿利集团在库布其沙漠扩大规模建设 1 000 MW "库布其沙漠生态太阳能光伏光热治沙发电综合示范项目"，其中，光伏发电 900 MW，光热发电 100 MW，规划总投资 110 亿元，治沙面积 6 666.67 hm²。截至 2018 年底，该项目已建成并网 510 MW。

　　亿利集团创新实施"板上发电、板间种草、板下养殖"模式，推动光、热、电、草、畜、禽一体化发展，重新定义了生态光伏的多重价值。

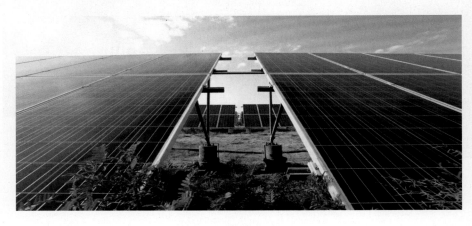

光伏产业

一、生态效益方面

（1）如果完全建成 1 000 MW 生态光伏，与同容量燃煤发电厂相比，以发电标准煤煤耗 300 g/（kW·h）计，每年可节约标准煤约 44.2 万 t，减排 CO_2 约 117 万 t、SO_2 约 4.2 万 t、NO_x 约 2 万 t、粉尘约 38 万 t，防风固沙面积可达 4 000 hm^2。

（2）太阳能光伏电站，由于其光伏组件吸收太阳光线，遮挡日照辐射，减少水分蒸发和晚上结露，加上清洗电池板时喷洒的水分，促进了植被的成活和生长，扩大了植被覆盖率。电站建成后对蓄水保土、调节气候、改善生态环境具有重要意义。

（3）光伏板遮光挡风，每年可减少蒸发量 800 mm，降低风速 1.5 m/s。板间、板下种植优良甘草、牧草及地被植物，采用微喷、膜下滴灌、渗灌等节水技术，节约用水 90% 以上，提高植物成活率 30% 以上。

（4）规划在本区所有种植区域采用微生物土壤改良技术，补充土壤有机质、大中微量元素和生长因子，快速提升地力，快速修复或重建贫瘠土壤的微生态环境。通过生物活动快速改良土壤结构，增加土壤保水保肥能

建成之初的光伏项目

力,加快土壤养分循环,促进植物生长。保护根系的同时促进根系生长,培肥土壤。土壤肥力逐年增加,在发电的同时让荒沙变良田,实现土地增值。

二、经济效益方面

亿利集团在热、电、草、畜、禽方面进行一体化发展,每年可发电14.7亿 kW·h,同时带动种植、养殖和精准扶贫产业。

自 2016 年项目投运以来,亿利集团全面启动"光伏组件清洗+板下种植养护"精准扶贫工程。2017 年,亿利集团投入近 200 万元,对杭锦旗独贵塔拉镇 57 个建档立卡的贫困户开展精准扶贫工作,平均每户每年可增收3.5 万元。参与"光伏组件清洗+板下种植养护"扶贫工程的贫困户在 2017年全部实现脱贫致富。

三、社会效益方面

亿利集团用 3 个阶段、3 种方式为贫困户、农牧民谋福祉,帮助贫困户精准脱贫。

(1)项目租地一份钱。项目完全租用农牧民未利用的荒沙地进行建设,既解决了项目用地,又实现了农牧民增收,农牧民根据承包到户的荒沙地面积可以获得相应的收入。

(2)安装打工一份钱。项目建设周期内可帮扶贫困户 800 余户,创造就业岗位 1 000 余个,增加农牧民收入 1 900 余万元。

(3)运营打工一份钱。项目区种植养护和光伏组件清洗模式包括"公司+农户""农户总承包"等扶贫产业化合作机制,实现了"因地制宜、精准扶贫"的目标。

第六节 生态工业

生态工业即保水剂、固沙剂、土壤改良剂、有机饲料、有机肥料等工业产业。亿利集团充分利用库布其周边丰富的劣质煤炭、生物质、光热等资源,建成若干重大生态工业项目,最大限度地实现资源循环利用,实现年销售收入 50 亿元。

一、生物饲料

亿利集团依托库布其沙漠地区灌木资源(柠条、沙柳、杨柴、花棒、甘草蔓等),以资源循环利用为导向,以生物工程技术结合现代营养保健理论为基础,以生态养殖为原则,以食品安全为目的,采用先进的生产工艺,研制出草食动物新型生物饲料,大力发展沙漠地区饲草饲料加工产业,创造了良好的经济效益。

沙生灌木具有平茬复壮的特性,为饲草饲料产业提供了发展空间。亿利集团与内蒙古农业大学等高校科研机构合作,就沙生灌木平茬时间、留茬高度、刈后复壮等方面进行了深入研究,结合 30 年的实际生产经验,形成了一整套科学合理的平茬复壮技术,在沙生灌木资源可持续利用方面取得了一定的成果。

亿利集团自主研发的移动式饲料联合作业机可以在灌木平茬资源及农田秸秆集中地进行饲料生产加工,就地取材,压缩了原料体积,提高了饲料营养价值,降低了原料的运输成本。

饲料生产设备

多种灌木收割机群

另外，亿利集团已研发出一种新型的微生物发酵菌剂及相应的发酵技术，沙生灌木枝条在特定条件下进行微生物发酵，通过微生物活动降解纤维素、生产菌体蛋白，可达到降低饲料粗纤维含量、提高蛋白质含量的目的。

公司针对不同家畜的营养需求，已研制出多种饲料配方，在生产颗粒饲料时通过原料配比，粒径、长度的调节，生产出适合不同家畜需求的微生物发酵颗粒饲料，满足畜牧业生产需求。

亿利集团已经拥有生产颗粒饲料与揉丝饲料的能力，应用公司30年来以灌木种植为代表的生态建设的成果，一方面进行沙柳、柠条等灌木的平茬复壮，同时用灌木枝条和生物发酵技术生产出5种具有代表性的沙柳与柠条复合饲料。对5种颗粒饲料的主要营养指标进行的测定显示，这5种颗粒饲料营养较全面，粗蛋白最高可达22%。同时利用5种颗粒饲料进行牛、羊适口性、消化率的试验，试验结果表明，牛、羊对柠条微生物复合饲料的适口性和消化率均显著提高。

二、炭基复混肥

鄂尔多斯市亿鼎生态农业开发有限公司（以下简称"亿鼎公司"）是由亿利集团与淄博矿业集团有限责任公司共同出资组建的大型生态农业企业，公司资产485 136.55万元，在杭锦旗独贵塔拉工业园区建成60万t/a合成氨、104万t/a尿素及260万t/a生物炭基复混肥项目。

项目采用国内外先进可靠的生产工艺技术，自动化程度高，最大限度地提高了资源和能源利用率，消除或减少污染物，具有三废排放少、环境污染小的特点，符合国家的产业政策及当地的发展规划，在技术、经济、循环、节能等方面具有极大的优越性。主要生产装置包括：空分装置、煤储运及热电装置、煤气化装置、净化装置、氨合成尿素装置、硫回收装置、全厂火炬系统、水处理系统等。

该项目选定的主要工艺路线为煤气化、变换、低温甲醇洗、液氮洗、PSA（变压吸附）提氢、CO 深冷分离、氨合成及冷冻、尿素合成、生物碳基复混肥及配套空分装置、动力中心、公用工程及原料、产品的储运装置。项目各装置均采用目前国内外较为先进的生产工艺技术，有效地保证了生产工艺的先进性、合理性和可靠性。

三、乙二醇

2018 年，通过采用煤制乙二醇专利技术实现 10 万 t/a 草酸项目改造，并随着技术升级，最终产能达到 40 万 t/a 规模，成为行业标杆企业。

核心优势：公司距离乌拉山铁运站 60 km；原材料可以实现内部直供；引进煤制乙二醇专利技术，这是目前国内生产规模最大的单套运行装置，首次投料试车就产出优等品；聚酯级乙二醇产品达到了替代乙烯法乙二醇产品水平。目前国内乙二醇市场主要依赖进口，未来有巨大的发展前景。

四、PVC（聚氯乙烯）

以亿利化学为核心企业，打造"煤—煤矸石发电—电石—离子膜烧碱、PVC—合成新材料—工业废渣综合利用生产水泥"的一体化循环经济产业链。

核心优势：PVC 生产过程中产生的关联产品烧碱和液氯主要对外出售，生产过程中产生的泥渣和粉尘直接运往公司参股的内蒙古亿利冀东水泥有限责任公司，用于生产水泥，废物利用率大幅提高，实现废气、废水、废渣零排放。

清洁能源化工循环经济产业园区鸟瞰

五、清洁热力

亿利集团依托自主研发的"煤炭清洁高效燃烧"技术，与工业园区签订长期特许经营权协议，在全国范围布局"微煤雾化"项目，为工业园区企业提供高效清洁热力。

该项目核心优势在于：整合航天火箭燃烧技术，改造传统工业燃煤锅炉，可将燃烧效率提高到98%，热效率提高到90%以上，吨煤产蒸汽由5 t多提高到9 t以上；氮氧化物、二氧化碳、二氧化硫以及烟尘等排放指标都相当或优于天然气洁净燃烧指标；与地方政府或工业园区、社区签订独家经营或者其他类似排他性协议，获得20~30年的能源及热力特许经营权，用户随开随用，即时结算，运营模式简单，产生的现金流稳定充足。

亿利集团在燃煤锅炉比较集中的地区、工业园区新建集中供热（蒸汽）

站，淘汰原有企业的燃煤锅炉。

截至 2018 年年底，亿利集团已投产或试运行项目产能合计 1 520 t/h，在建、待开工产能合计 975 t/h。

清洁能源化工循环经济产业园区

第七节　走向未来

创新具有不可预见性，新产业和产业新形态的出现也具有不可预见性。但越来越重视环境友好因素是人文社会发展的大趋势，沙漠产业也必定要坚持生态环保的原则，因而我们可以尝试对沙漠的未来产业发展方向做出判断。

从产业内容角度考察，节约资源（特别是水资源）的农林产业、循环经济链条上的生态畜牧业、与生态修复作物相关的深加工产业（如医药健康）、生态修复衍生出的新能源产业（风电、太阳能发电），以及环境友好的人文生态产业（旅游、文化等）都是未来沙漠产业的发展方向。特别是绿色金融，不仅将随着沙漠经济的发展获得巨大的发展机遇（生态修复财富资产的证券化需求），还将成为沙漠经济重要的推动力。

从产业组织形式的角度考察，建立平台经济（platform economic），是沙漠经济未来发展的一个方向。

所谓平台经济，目前还没有统一、准确的定义，一般是指一种虚拟或真实的交易场所，平台本身不生产产品，但可以促成双方或多方供求之间的交易，平台通过收取恰当的费用或赚取差价而获得收益。其本质是集聚资源，对接需求，促成交易，并在此过程中获得额外利益。

通过近30年的库布其沙漠治理，亿利集团改良了大面积沙漠土壤，建设了必要的基础设施，兴建了专业的工业园区，发展了山清水秀、风光秀美的库布其全域旅游。这使得亿利集团具备了打造沙漠平台经济的基本条件，即可以让新加入的参与者能够快速对接沙漠经济体系，有效降低了对初入者初期投入规模和投资门槛的要求，使参与者实现增值收益。同时，亿利集团提出了"平台＋插头"的沙漠平台经济发展思路，即以已经打造的专业工业园、亿利集团有机田、库布其全域旅游、牛羊养殖、新农业体验经济、森林体验产业等平台为基础，通过优质的服务和支持体系，使任何外来合作者都能够像"插入电源插头"一样快速和有效地对接不同的、自己感兴趣或有资源的沙漠产业领域。亿利集团还通过打造"技术＋基金"等合作平台，进一步升级平台服务内容，以促进优质技术与产业的快速对接。

第五章

企业扶贫，绿富同兴，
共走富裕路

"生态先行，绿富同兴"是亿利集团的发展理念。依托"绿起来与富起来相结合、生态与生存相结合、产业与扶贫相结合"的发展模式，按照"政府政策性支持、企业产业化投资、贫困户市场化参与、生态持续化改善"的治沙生态产业扶贫机制，亿利集团通过实施"生态修复、产业带动、帮扶移民、教育培训、修路筑桥、就业创业、科技创新"等全方位帮扶举措，公益性生态建设投资 30 多亿元，产业投资 380 亿元，发展起了一二三产业融合互补的沙漠生态循环经济产业，治理库布其沙漠的同时，累计带动库布其沙漠所在的杭锦旗、达拉特旗、准格尔旗、鄂托克前旗以及新疆维吾尔自治区阿拉尔市、甘肃省武威市等沙区 10.2 万名百姓彻底摆脱了贫困，贫困人口年均收入实现了大幅增长。

在亿利生态扶贫当中，亿利集团充分利用沙漠地区特有地缘，开创了甘草、光伏产业扶贫模式。而且生态扶贫从沙漠走向高海拔的西藏，把绿色希望带向需要的地方。

一、沙区甘草产业扶贫

亿利集团多年的实践证明，甘草治沙改土扶贫模式是一项治沙、生态、产业、扶贫平衡驱动可持续的沙漠生态产业扶贫模式。农牧民每种植 1 hm² 甘草，可实现年收益 6 000~6 750 元，而且沙漠土质两三年就可以改良。截至目前，亿利集团的甘草治沙改土扶贫模式已经覆盖塔克拉玛干沙漠、腾格里沙漠、乌兰布和沙漠、库布其沙漠。

2017 年，亿利集团采用提供甘草苗条、种植技术和订单回购"三到户"的产业扶贫模式，与五大沙漠的 2 132 户农牧民签订扶贫协议，控制甘草面积约 7.13 万 hm²。预计到 2020 年底，新增治沙面积可达 2 000 km²，可带动沙区 2 万贫困人口脱贫。

二、光伏复合生态扶贫

按照"政府主导、企业投资、贫困户受益"的机制，亿利集团在河北省张北县投资建设以"光伏 + 农业 + 旅游"为特色的生态光伏扶贫项目，建设 50 MV 集中式电站、50 个村级电站，并争取 150 MV 生态光伏指标。项目建成后，每户贫困户可连续 20 年从发电收益中获得 3 000 元/年的收益，项目可实现精准扶贫 2 000 人，直接扶贫 1.5 万人。在建设过程中，该项目大量雇用当地贫困人口，实施劳务就业扶贫，实现了生态、经济、社会等多重效益。首批 300 户失能贫困户在 2019 年春节前已及时拿到光伏扶贫补贴。

三、高寒地区生态扶贫

针对西藏自治区山南市高海拔、高寒冷、生态脆弱等特殊情况，亿利集团拟采用"库布其模式"，应用"那曲高寒地区植树重大科技攻关试验项目"成果，以"生态造血型治本扶贫"方式，在山南市雅鲁藏布江流域实施约 6.7 万 hm² "高寒冷、高海拔、高科技苗圃生态产业扶贫项目"，辅以甘草中药材供应链、沙漠生态旅游、养殖业等产业扶贫，生态职业教育扶贫，乡村振兴移民搬迁扶贫等方式，以产业带动扶贫，帮扶西藏自治区山南市整市脱贫，拉动当地已脱贫的农民产业致富，计划脱贫 4 673 户 15 243人。亿利集团在雅鲁藏布江流域组建 20 个以藏族群众为主的民工联队，治理 400 km² 荒漠化土地，带动 1.02 万建档立卡贫困人口脱贫。

近些年，亿利集团严格按照习近平总书记"多采用生产奖补、劳务补助、以工代赈等机制，不大包大揽，不包办代替，教育和引导广大群众用自己的辛勤劳动实现脱贫致富"的指示开展工作。除了在西藏自治区生态扶贫，亿利集团还在内蒙古自治区鄂尔多斯市、呼和浩特市、赤峰市，河北省怀来县等地启动了大型治地治水生态修复项目。通过生态修复项目，亿利集团每年带动近 1 万人就业。亿利集团要求各项目公司把贫困户的劳务就业纳入工程实施的过程进行考核，贫困户要占到 20%，人均日工资在150~200 元，从而有效实现"一人打工，一户脱贫"的目标。目前，亿利集团已带动 9 000 多人通过参与生态修复项目实现就业脱贫。

四、公益扶贫

亿利公益基金会于 2011 年 5 月正式注册成立，由亿利集团出资 2 000万元在民政部登记注册，业务主管单位为中央统战部。基金会以构建富强、民主、文明、和谐、美丽社会为宗旨，坚持"绿色循环"的发展理念，致力于环境保护及荒漠化防治事业，积极履行社会责任，促进社会公益事业发展。目前，经过亿利公益基金会的努力，《联合国防治荒漠化公约》秘书处设立的"土地生命奖"永久"落户"中国，库布其沙漠七星湖被确定为库布其国际沙漠论坛永久会址，联合国教育、科学及文化组织（UNESCO）荒漠化地区可持续教育项目和联合国环境规划署《全球环境展望》青少年环境实践营项目已连续开展 3 期。

亿利公益基金会向全社会发起了"用脚步丈量爱，你的每一步行走，都是荒漠化地区儿童成长的希望"的公益活动。2017 年 5 月 10—20 日，亿利公益基金会携手腾讯公益开展"团体捐步"活动。活动得到了社会各界的高度认可与支持，累计 20 万人次参与其中，共捐步数 200 964.39 万，匹配捐出 20.03 万元。活动期间，只要微信用户打开"微信运动"进行"捐赠步数"，亿利公益基金会就会将爱心捐步化作爱心捐款，在库布其沙漠种植甘草。种植甘草的收入被用于资助沙漠里的孩子，帮助他们完成学业，为他们撑起希望的蓝天。

五、教育扶贫

精准扶贫，关键在人。人发展的关键在于教育。亿利集团十分重视沙区孩子的教育问题，在 2009 年拿出 1.2 亿元专门为沙漠牧民子弟建设一所集幼儿园、小学、初中于一体的现代化亿利东方学校。学校总占地面积 9 万 m^2，建筑面积 2.9 万 m^2。目前，亿利集团已建成 2 所亿利东方学校，共 31 个班，师生达 1 300 多人。亿利东方学校拥有现代化的综合办公楼、实验楼、宿舍楼及标准化操场，教学设施一应俱全，硬件建设达到了国内一流水平。亿利东方学校的建成，成功地让沙区孩子就近上学，使他们可以接受国际化的先进教育，让知识改变他们的命运。

作为绿色沙漠的捍卫者，亿利集团以成为全球最有影响力的生态环保服务提供商、最受社会尊重的绿色企业为目标，始终在绿色生态建设的道路上努力奋进。亿利集团积极发挥企业专业优势，通过生态产业、生态修复、支持教育等扶贫模式，带领贫困群众走上共同富裕的绿色发展之路。

六、扶贫案例

案例一：产业扶贫在杭锦旗

在一栋整洁的羊舍中，4 只小羊羔依偎在母亲的身旁，欢快地"咩……咩……"叫着，羊儿个个长得又肥又壮，农民李慧生趴在羊舍的墙头看着，不时地给他的羊儿添上一把草料，幸福的笑容洋溢在脸上。

这是亿利集团扶贫工作组在杭锦旗巴拉贡镇国贫户回访中看到的景象。李慧生家里有两口人，本人因病无法从事体力劳动，女儿在上大学，全家经济收入微薄。他不止一次地努力想摆脱贫困，却无法找到合适的工作，家里的土地收入无法满足开支。正当全家人为生计发愁的时候，亿利集团的"扶贫羊"送到了他们手中。用他们自己的话说，就是"有了羊，1 只变 2 只，2 只变 4 只，一两年就是几十只，1 只能卖将近 1 000 元，这回日子可是有奔头了"。在杭锦旗，像这样的例子有很多。

为了回馈家乡父老，助力杭锦旗脱贫攻坚，2016 年 8 月，亿利集团向杭锦旗 7 个乡镇的 1 222 户国贫户每户赠送 10 只适龄基础母羊，帮助其发展养殖业。亿利集团在扶贫工作上下足了功夫：首先，成立扶贫办公室和工作组，进行充分的走访，听取农牧民的意见和建议；其次，在母羊选取方面，采用一岁龄、两岁龄按比例搭配的办法，确保当年产羔见收益；再次，对贫困户的基础母羊进行定期跟踪回访；最后，在物质帮扶的同时，推进文化和技术上的扶贫，开展养殖、种植、旅游项目培训等。

2016年底，贫困户领到的扶贫羊已进入产羔阶段。据初步统计，仅巴拉贡一个镇，"扶贫羊"产羔已达530只，通过畜牧养殖，贫困户实现了脱贫。亿利集团还通过改善生态、发展产业，坚持"党建引领、政企合力、产业带动、精准扶贫"十六字方针，做好脱贫攻坚工作，做到真扶贫、扶真贫、真脱贫。

案例二：库布其扶贫模式走向西藏自治区山南市

"游览东西南北，走遍千山万水"。来自西藏自治区山南市扎囊县的"90后"藏族小伙儿仁增曲扎用一首《心中红》，唱出了他对中央产业扶贫成果的珍惜和感动。

仁增曲扎的老家——西藏自治区山南市扎囊县吉汝乡地处大山深处，长年冰雪难融、交通封闭、经济基础薄弱，属于《中国农村扶贫开发纲要（2011—2020年）》连片特困地区。村里人世代仅靠几块薄田维持生活，人均年收入只有1 300多元。

2018年，亿利集团旗下亿利生态股份执行的西藏自治区山南市扎囊县生态修复产业扶贫项目启动。在项目实施过程中，亿利集团组建了全国首支藏族贫困户民工联队——吉汝乡民工联队。吉汝乡民工联队的30多名劳务人员都是来自于西藏自治区山南市扎囊县吉汝乡的村民，全部为藏族建档立卡贫困户。他们在生态修复项目中参与劳务建设，实现增收脱贫。该项目采用"公司＋农户""企业＋基地"的运作模式，为当地贫困户及易地搬迁人口建立扶贫档案，根据不同情况，分别采取产业扶持、转移就业等措施实现脱贫致富。

据了解，在整体项目取得阶段性成果的基础上，亿利集团全面推动"1+6"的整体扶贫计划。"1"是一个整体生态产业扶贫项目，就是实施 8 000 hm² 高寒冷、高海拔、高科技苗圃生态产业扶贫项目，治理雅鲁藏布江周边的沙漠化问题。苗圃种植成功后取得的经济收益，亿利集团按照 4:6 比例与当地村集体分成，壮大村集体经济实力，带动当地贫困户脱贫致富。"6"是指生态职业教育扶贫、中药材种植与供应链扶贫、沙漠旅游产业扶贫、生态移民扶贫、贫困户技能培训和劳务就业扶贫、肉羊养殖产业扶贫等 6 个具体扶贫项目。

通过"1+6"综合项目的推动、精准施策，亿利集团搭建起生态建设和生态产业平台，并通过生态职业教育和就业技能培训，真正解决西藏自治区山南市的贫困学生和贫困劳动力打工和就业问题，让他们有专业、有特长、有岗位、有奔头。这样，既实现了西藏自治区山南市扎囊县"绿起来"的目标，又实现了"富起来"的目标；既实现了该县产业发展问题，又解决了藏族同胞上学和就业的问题，取得了一举多得多赢的扶贫、扶智和扶志相结合的效果。

如今，仁增曲扎所在的扎囊县，服务于亿利生态扶贫项目的民工联队规模达到 500 人，每人每天工资 160 元，共计 4 个乡镇 1 180 户 3 975 人实现脱贫，每户年均增收 6 000 元以上。

第六章

《中国库布其生态恢复与财富创造商业模式》解读

近些年，亿利集团在库布其沙漠进行的荒漠化治理已频频受到国际关注。在《联合国防治荒漠化公约》第十三次缔约方大会期间，联合国发布了全球首部沙漠生态财富报告，库布其沙漠成为报告唯一的样本，报告同时对《中国库布其生态恢复与财富创造商业模式》进行了详细解读。

一、从被动到主动

1988 年，王文彪出任杭锦旗盐场场长。那时，盐场位于沙漠腹地，盐生产出来却没有"销路"。从库布其沙漠南侧的盐场一路向北，跨过黄河，是乌拉特前旗火车站，直线距离 65 km。问题是漫天风沙路不通，运货只能绕道 350 km，因此，一年平添上千万元的物流成本。在这种背景下，亿利集团在沙漠中修建了穿沙公路，而治沙的初衷也是防止风沙对公路的破坏。

按照当时的利润看，1 t 无机盐销售利润大约为 10 元，王文彪拿出其中的 5 元专门用于治沙。当时的林工队大约有 27 人，方法也是铁锹挖坑种树、种草。然而，风沙一来，八九成当天种下的草会被吹倒，早期治沙 5 元中超过 4 元都打了水漂。随后 10 余年间，亿利集团创新探索治沙模式，再次修筑 4 条公路。这 5 条公路纵横交错，把库布其沙漠分隔为一个个小网格，沿着公路两侧向沙漠纵深 4 km 植树种草，形成"乔、灌、草（甘草）一体、以节水灌木为主"的植被体系，将库布其沙漠分而治之。

这一时期，治沙规模不断扩大。据统计，每年恢复植被约 6.67 km^2。由于治沙并不赚钱，因此这项事业主要由盐场利润和 20 世纪 90 年代逐渐发展起来的能源化工板块支撑。

穿沙公路通车之后，无机盐产品已不愁销路，亿利集团从被动治沙转向了主动治沙。

进入 21 世纪后，王文彪的第一个设想是在库布其沙漠北部的黄河岸边建起锁边林，锁住沙漠，但效果并不理想。造林规模为年均 4 km^2

左右。财力的耗费主要与沙障成本较高有关。长期以来，每公顷普通沙障的成本为 12 000~21 000 元，更好的沙障造价达 27 000 元 /hm²，在黄河岸边建锁边林，沙障耗费甚巨，因此，技术创新是库布其模式成功的关键。

二、技术革新

技术进步总在无意间发生。早些时期，亿利集团的专家无意间把一瓶水打翻在了库布其沙漠，水流之处，沙漠凹陷出一道小坑。现场的专家按照这种思路研发出一款设备，用气压将水射入沙漠，把植物种得更深，不用担心沙柳等被风吹倒了。

《联合国防治荒漠化公约》第十三次缔约方大会的与会代表在参观库布其沙漠之时，亿利集团工作人员现场演示用微创气流植树法种树，30 s 左右即可植入 1 棵沙柳，较之用铁锹种树，效率提升了 14 倍。同时，由于无须采用成本很高的沙障，因此治沙的财务成本呈几何级数下降。亿利集团计算，如果 6 253 km² 已治理的库布其沙漠均采用迎风坡造林技术，则可节省成本约 300 亿元。

更为重要的是，高 1 m 左右的沙柳，被插入气压水枪打出的深孔后，约有 60 cm 被埋在地下，这比此前的地下 30 多厘米深了近 1 倍。根深才能叶茂。自此，亿利集团不再担心树木被狂风吹倒，植树 3 年存活率一举从 20% 左右跃升至 80% 以上。

根深的好处不止于此。微创气流植树法种树发明之前的 20 余年间，为提高植被存活率，亿利集团种植的植被均被置于背风坡，根深之后，迎风坡造林开始成为可能。亿利集团的科研团队在试验过程中，把树木植入迎风坡 3/4 的高度。1/4 的沙丘被固定，顶层的 1/4 沙丘被吹到背风坡，沙丘高度开始骤降，终于迎来根治沙尘暴的曙光。

三、六位一体的产业

修复后的荒漠化土地衍生出来巨大的生态价值。库布其沙漠是梁外甘草的天然分布区，拥有丰富的野生甘草资源。甘草具有很强的适应性，本身是固氮植物，能在贫瘠的土地上生长，是沙漠治理的先锋植物。此前，受不合理的采挖和超载放牧等因素影响，梁外甘草资源遭到严重破坏。亿利集团对甘草开展了长达20余年的研究，独创了两项核心技术：平移种植法和半野生培育技术。其中，将甘草苗条平移（平缓沙漠）或斜移（沙漠坡地）到沙漠，让甘草的根系水平发展，可使甘草根系固沙的有效面积扩大10倍。由于甘草具有极高的药用价值，因此在获取甘草工业品利润的同时，医药开始成为亿利集团重要的业务板块。

沙漠遍地黄金，有取之不尽、用之不竭的免费光照资源（库布其沙漠每年日照时长高达3 180 h），相对廉价的土地资源和相对清洁的环境资源。王文彪理清了"向沙要绿、向绿要地、向天要水、向光要电"的沙漠经济学思路。沙漠绿洲已成，获取土地资源就成为那一阶段亿利集团的工作重心之一。

在库布其沙漠的经济价值被发现之前，地广人稀的内蒙古自治区，人均土地（多为沙漠）资源极为丰富。根据国家林业部门"谁种谁有"的原则，利用1998年土地二轮承包的契机，亿利集团以5亿元的代价，从农牧民手中获取了数百万亩沙漠土地的30年使用权，这为接下来的"平台经济"奠定了基础。

"平台经济"的要义，如同插座一样"即插即拔"。价值的增长使得原先廉价的沙漠土地开始升值，亿利集团开始与国内龙头企业开展合作。2004年，亿利集团依托土地资源和既往的化工产业资源，引进神华集团、上海华谊集团和唐山冀东水泥集团等国内三家龙头企业，致力于打造以PVC为主的化工循环经济产业园区。

PVC能源化工循环经济，已不同于此前简单地生产、销售化工原料，而是致力于发展更为环保的"煤—煤矸石发电—离子膜烧碱—PVC—工业废渣制水泥—合成新材料"一体化循环经济产业链。经过5个循环后，这个基地最高限度地利用了资源，最低限度地产生工业废气或废料，将化工产业与生态环境保护紧密结合。2007年10月，亿利能源化工循环经济产业园区首批项目建成投产，共完成投资130亿元。2015年，亿利能源更名为亿利洁能，以突出清洁能源的重要性。

接下来，亿利集团充分利用光照与土地资源发展光伏产业。亿利集团以土地作为筹码，与具有光伏发电资质的企业——浙江正泰集团展开"平台经济"合作。至2017年6月，仅在库布其地区，亿利集团已经装备光伏发电310 MW，预计未来将发展为1 GW。仅此一项，每年就可为亿利集团带来以亿元计算的利润。据测算，1 GW生态光伏每年可发电5.27亿kW·h，节约标准煤44.2万t，减排二氧化碳117万t，防风固沙面积可达4 000 hm^2，生态效益明显。

30年间，亿利集团投入生态产业发展性资金380多亿元，发展了"生态修复、生态牧业、生态健康、生态旅游、生态工业、生态光能""六位一体"千亿元级规模的沙漠生态经济体系。

四、几何级数增长的生态效益

长期以来，距离北京仅有1 h航程的库布其风沙，是北京沙尘暴的源头之一。库布其风沙刮起，一夜之间即可笼罩京城。但随着库布其沙漠被成功治理，北京沙尘暴天气也由频发降至偶发。

30年来，库布其的植物种类数量变化明显，特别是修复工程实施25年后，植物种类数量开始明显增加。从植被的盖度来看，从修复工程实施的第6年到第25年，其群落植被总盖度变化范围为57%~157%，植被盖度逐渐增加。在植被演替进程中，优势种的盖度最小为31%，最大为47%，仍然是以人工种植植物为主要优势植物。但是，人工种植植物的优势度随着修复年限的增加呈现出下降的趋势，表明人工种植植物的主导作用在下降，更多伴生植物在发挥作用，进入良好的自然植被演替过程。沙漠植被的修复，生境条件的改善，也吸引了越来越多的野生动物在库布其沙漠安家落户。

第七章

库布其国际沙漠论坛

库布其国际沙漠论坛作为中国政府批准的国家机制性大型涉外论坛，是全球唯一的致力于推动世界荒漠化防治和绿色经济发展的大型国际论坛，是中国首个写入联合国正式决议的防治荒漠化主题论坛，是中国规格最高、规模最大、影响力最广的生态文明峰会。

库布其国际沙漠论坛由中华人民共和国科学技术部、国家林业和草原局、内蒙古自治区人民政府、联合国环境规划署和《联合国防治荒漠化公约》秘书处联合主办，中国人民外交学会协办，鄂尔多斯市人民政府和亿利公益基金会承办。

目前，库布其国际沙漠论坛已经成为学习、宣传、实践习近平生态文明思想的重要举措，成为国际社会交流荒漠化防治经验和技术、推动可持续发展目标实现的重要平台，成为共商、共建、共享绿色"一带一路"的重要手段，在推动荒漠化治理领域发挥了不可替代的作用，影响力已经遍及全球。

第一节　论坛源起

荒漠化是严重的全球性生态问题。目前，全球荒漠化和沙化土地面积超过 $3\,600$ 万 km^2，覆盖全球土地面积的 1/4，且荒漠化速度仍在以 5 万 ~7 万 km^2/a 的速度扩张。荒漠化是造成世界上许多地区贫困、饥饿与社会动乱的重要原因之一。由荒漠化引起的生态、粮食与和平危机等问题严重威胁着人类的生存与发展。全球 160 多个国家、20 多亿人受荒漠化影响，特别是亚洲和非洲的许多发展中国家，每年因此损失 400 亿 ~500 亿美元。

为应对全球荒漠化问题，继 1992 年在巴西里约热内卢召开的联合国环境与发展大会通过《联合国气候变化框架公约》和《生物多样性公约》之后，1994 年《联合国防治荒漠化公约》在法国巴黎通过，自此，荒漠化问题提上了全球环境治理的议程。《联合国防治荒漠化公约》成为联合国环境与发展大会框架下的三大重要国际环境公约之一。《联合国防治荒漠化公约》的核心目标是由各国政府共同制定国家级、次区域级和区域级行动方案，并与捐助方、地方社区和非政府组织合作，以应对荒漠化的挑战。从 1995 年起，联合国将每年的 6 月 17 日定为"世界防治荒漠化和干旱日"，旨在提高世界各国人民对荒漠化防治重要性的认识，唤起人们的责任心和紧迫感。

荒漠化也是中国最严重的生态问题之一。按照《联合国防治荒漠化公约》定义，中国的荒漠化土地面积约为 262 万 km²，约占中国国土面积的 1/3[1]。中国非常重视荒漠化防治工作，从立法、政策、资金、机制、科技创新与国际合作等多领域、多层次、多方位做出了不懈努力和切实安排。1994 年，中国便签署了《联合国防治荒漠化公约》并积极履行相关义务，采取的一系列重大举措都取得了显著成效，赢得了国际社会的广泛赞誉。1994 年，中国建立了国家荒漠化监测体系，迄今已开展 5 次全国荒漠化监测，为中国荒漠化防治提供了非常重要的技术支持；1996 年，中国政府代表团向《联合国防治荒漠化公约》秘书处提交了国家履约行动方案；2001 年，中国颁布了《中华人民共和国防沙治沙法》，这也是世界上首部《防沙治沙法》。此外，中国政府成立了一个国家层面的防治荒漠化协调委员会，涉及 18 个部委，由国家林业局（现国家林业和草原局）牵头，包括外交部、国家发展改革委、商务部等部门，在国家层面上对荒漠化防治给予协调。经过长期不懈的努力，中国荒漠化防治事业取得了举世瞩目的成就：全国荒漠化土地面积从 20 世纪末年均扩展约 1 万 km² 转变为目前年均缩减约 2 424 km²，沙化土地面积由 20 世纪末的年均扩展 3 436 km² 转变为目前的年均缩减 1 980 km²，实现了连续 10 年保持"双缩减"。以遭受荒漠化危害严重的内蒙古自治区为例，经过十几年的治理，荒漠化面积减少了近 300 万 hm²，沙

---

[1] 数据引自国家林业局（现国家林业和草原局）2015 年 12 月 29 日新闻发布会。

化土地面积减少到约 120 万 hm², 荒漠化治理成效显著。联合国第十七届可持续发展大会指出, 中国荒漠化防治水平处于世界领先水平。

世界治沙看中国, 中国治沙看内蒙古自治区。在中国的荒漠化治理事业进程中, 一个不容忽视的力量来自于民营企业和社会组织对治理沙漠的深度参与和大力投入。其中, 特别具有典型和示范意义的代表是亿利集团。在当地政府的政策引导支持和当地民众的参与下, 亿利集团对库布其沙漠开展了长期治理并取得了非凡成就。库布其沙漠是中国的第七大沙漠, 位于中国内蒙古自治区鄂尔多斯市, 面积 1.86 万 km²。长期以来, 恶劣的生态环境使该地区人民不堪其苦, 更是当地农牧民贫困的根源。库布其沙漠还曾是中国首都北京沙尘暴和风沙问题的源头之一。20 世纪八九十年代, 冬春狂风肆虐, 黄沙漫卷, 800 km 之外的北京饱受沙尘暴之苦。1988 年, 出于对荒漠化的担忧以及企业生存发展的需要, 亿利集团开始进行沙漠治理, 从此走上治沙征途。在中国改革开放的大环境推动下, 在各级政府富有远见的政策支持下, 亿利集团在过去 30 多年中投入生态修复资金 40 多亿元、生态产业发展性资金 380 多亿元, 发展了千亿元级规模的沙漠绿色经济, 绿化面积超过 60 万 hm², 带动 10.2 万沙区农牧民脱贫致富, 让昔日的不毛之地、荒漠荒山变成了绿水青山和金山银山, 创造了中国乃至世界范围内沙漠治理的奇迹。

"沙漠不是问题, 可以变成机遇"。王文彪不断思考并开展探索实践。为了学习借鉴国际治沙先进技术并分享库布其沙漠治理的经验, 也为了履行改革开放后成长起来的民营企业的社会责任, 携手应对全球荒漠化问题, 2007 年, 王文彪率先提出建议, 要举办国际性的沙漠论坛, 即库布其国际沙漠论坛。在时任全国政协副主席、中央统战部部长刘延东的支持和推动下, 中央统战部、全国政协人口资源环境委员会、科学技术部、农业部 (现农业农村部)、国家林业局 (现国家林业和草原局)、国家旅游局 (现文化和旅游部)、全国工商联、中国工程院、中国科学院等会同内蒙古自治区人民政府以及亿利集团共同创办了第一届库布其国际沙漠论坛, 并决定在鄂尔多斯市库布其沙漠七星湖设立永久会址。

  作为论坛的创立者之一，亿利集团以其 30 年沙漠治理的成功经验和模式为基础，顺应时代发展和形势需要，为长期致力于推动中国和全球荒漠化治理事业，搭建了一个荒漠化防治和沙漠绿色经济发展的经验交流、技术转化、成果展示和项目合作的高端平台，体现了宽广的国际视野以及改善沙区生态和造福沙区人民的责任、情怀与风采。为表彰亿利集团在沙漠治理中的卓越贡献，2013 年 9 月，联合国授予王文彪"全球治沙领导者奖"，2017 年 12 月，联合国环境规划署授予王文彪"地球卫士终身成就奖"。

第二节 论坛历程和历届共识

自 2007 年发起创办以来，库布其国际沙漠论坛每两年举办一届，已连续成功举办 7 届。2013 年 9 月，在纳米比亚召开的《联合国防治荒漠化公约》第十一次缔约方大会上，中国的库布其国际沙漠论坛作为实现《联合国防治荒漠化公约》战略目标的重要手段和平台被写入了大会报告。2014 年 2 月，中国政府正式批准库布其国际沙漠论坛为国家机制性大型涉外论坛。2017 年 5 月，该论坛成为环境保护部（现生态环境部）与联合国环境规划署共同发起成立的"一带一路"绿色发展国际联盟的重要倡议者与合作伙伴。

如今，该论坛已经发展成为全球分享沙漠价值、推动生态修复和荒漠化治理、助力实现《联合国防治荒漠化公约》目标的重要平台，积极推动了政府、社会携手合作，共同开展防沙治沙、修复生态、发展绿色经济、绿色"一带一路"建设等领域合作，为各国展示沙漠治理和绿色经济领域科技创新模式提供了独特窗口。通过深度参与绿色"一带一路"建设，该论坛将为阻止地球退化，推动落实气候变化行动以及《巴黎协定》，防治荒漠化和土地退化等，实现经济、社会、环境三大领域综合、平衡、可持续发展做出积极贡献；向世界宣传中国"绿水青山就是金山银山"的生态文明建设理念及取得的巨大成就；展示中国在应对全球气候变化和荒漠化防治问题上负责任的大国形象。

一、第一届论坛

首届库布其国际沙漠论坛以"沙漠·生态·新能源"为主题，于 2007 年 8 月 25 日至 26 日在内蒙古自治区鄂尔多斯市库布其沙漠七星湖举办。

论坛由内蒙古自治区人民政府、中国工程院、中华海外联谊会、国家林业局（现国家林业和草原局）、全国工商联、中国光彩事业促进会、联合国驻华机构共同主办，鄂尔多斯市人民政府、内蒙古自治区林业厅、亿利集团承办。

中国政府有关部门和相关地方政府官员，联合国开发计划署、联合国环境规划署的代表，联合国粮农组织、联合国工业发展组织项目官员，联合国驻华协调员，巴基斯坦、坦桑尼亚、吉布提、赞比亚、津巴布韦、中非共和国、喀麦隆、纳米比亚、蒙古国、塞拉利昂等 13 个国家的驻华使节，国内外知名专家学者、企业家、新闻媒体代表等共计 300 多人出席了本次论坛。

论坛启动了中国光彩世纪林工程，呼吁社会各界更加关心和支持荒漠化防治工作；确定库布其沙漠公园七星湖景区作为论坛的永久会址，并举行了永久会址揭幕仪式；与会各方广泛交流，相互借鉴，通过了《2007 年库布其国际沙漠论坛宣言》，达成如下共识。

（1）防治荒漠化是全球、全人类共同面临的一项艰巨事业，必须站在维护全人类共同利益、维护子孙后代生存发展的高度，用战略眼光来规划和开展防治荒漠化事业，进一步增强防治荒漠化的使命感、责任感、紧迫感。

（2）防治荒漠化应当以自然修复和人工治理相结合，以恢复和增加林草植被为主，建设沙区特有的林灌草结合的复合生态系统；应当依靠综合防治、科学防治、依法防治等措施，提高防治荒漠化的综合水平；应当合理利用沙漠再生资源，积极发展沙产业，促进生态改善、经济发展和农民致富。

（3）进一步加强防治荒漠化的国际合作、区域合作、部门合作，欢迎国际组织、国际专家和友好人士、各国企业参与防治荒漠化事业。呼吁各国企业家携起手来，共同挑战全球 3 600 万 km² 荒漠化土地，共同关注并致力于改善荒漠化地区居民的生产和生活。

（4）鉴于增加共识、增进了解、加强合作的积极作用和重大意义，为确保经常性的交流合作，论坛决定今后每一至两年在论坛永久会址——库布其沙漠七星湖举办库布其国际沙漠论坛，并形成长效机制。

二、第二届论坛

2009 年 8 月 28 日，以"沙漠·科技·新能源"为主题的第二届库布其国际沙漠论坛在内蒙古自治区鄂尔多斯市召开，以布局沙漠生态新产业模式、发展沙漠新能源、发展低碳经济为主要内容开展经验交流，促进生态环境建设，推动国民经济的可持续发展。论坛由科学技术部、农业部（现农业农村部）、国家林业局（现国家林业和草原局）、全国工商联、中国光彩事业促进会、内蒙古自治区人民政府共同主办，鄂尔多斯市人民政府、亿利集团、中国 21 世纪议程管理中心承办。

来自联合国和中国、美国、德国、日本、伊朗、埃及、瑞典、苏丹、乌干达、哈萨克斯坦、埃塞俄比亚、博茨瓦纳等 20 多个国家和地区的政府官员及国际组织的领导人、专家学者、驻华使节、国内外著名企业家等 200 余人出席论坛。

与会代表通过磋商，共同发表了《2009 年库布其国际沙漠论坛宣言》，论坛达成如下共识。

（1）在全球气候变化大趋势下，荒漠化仍然是威胁人类，尤其是发展中国家发展的重大问题。中国防沙治沙、荒漠化治理形势依然十分严峻。

（2）长期以来，中国政府实施生态工程，社会各界积极投身沙漠治理，沙区面貌正发生积极改变，沙区生态和人民生活改善明显，成效显著。

（3）综合防治荒漠化，涉及技术、资金、生态、产业等不可回避的重大课题。中国库布其沙漠地区依托沙区资源，发展"沙漠生态新经济"取得的成功经验，值得借鉴。

（4）加大荒漠化治理的政策扶持和投入力度，积极推进荒漠化防治、沙漠治理等生态建设工程。

①进一步加强技术创新，依靠科技进步，推进荒漠化防治和生态建设。进一步促进学术组织、科研机构和企业产业发展的结合，积极推进科技成果应用转化和产业化。

②进一步建立和完善荒漠化防治、实施生态建设的良好体制和机制，谁投资，谁贡献，谁受益，促进各种沙区资源的开发利用，扶持相关旅游产业、植物资源利用、沙区矿业开发、沙区新能源开发，全面推进可持续发展。

荒漠化防治和生态环境保护是人类面临的共同课题，人类必须同舟共济，共同努力，加强国际交流和合作，实现全球荒漠化防治和沙漠经济发展科学理念和先进技术共享。论坛呼吁积极倡导和鼓励荒漠化防治最新成果的应用与推广，采取更加积极灵活的政策，促进技术、人员、物资、资金等的流动，加快科学发展，构建资源节约型、生态友好型社会。

三、第三届论坛

2011 年 7 月 8 日至 10 日，以"沙漠·科技·新经济"为主题的第三届库布其国际沙漠论坛在内蒙古自治区鄂尔多斯市库布其沙漠七星湖召开。论坛围绕荒漠化防治、技术创新、区域扶贫开发、应对气候变化、沙漠旅游等方面，交流全球先进技术与经验，探索荒漠化防治产业化与市场化的新路径。来自几十个国家、10 多个国际组织的官员、专家、企业家以及媒体代表 500 余人出席论坛。

论坛由科学技术部、全国政协人口环境资源委员会、国家林业局（现国家林业和草原局）、国家旅游局（现文化和旅游部）、中国科学院、全国工商联、内蒙古自治区人民政府共同主办，联合国环境规划署、联合国工业发展组织、联合国亚太农机中心、中国光彩事业促进会协办，鄂尔多斯市人民政府、亿利集团、中国 21 世纪议程管理中心承办。

与会代表经过深入沟通和交流，达成如下共识。

（1）世界各国秉承国家、地方、企业结合，政、产、学、研、用相结合，生态效益、经济效益、社会效益相结合的理念，在更大范围、更广领域和更高层次上开展广泛的国际交流与合作，充分发挥科技创新在荒漠化防治中的支撑作用，为建设人类美好家园做出更大的贡献。

（2）库布其国际沙漠论坛为全球搭建了荒漠化防治的高层对话平台，已成为展示荒漠化防治最新科技成果、推广新技术与新模式、交流国际成功经验的重要渠道和窗口。世界各国政府、国际组织、学术组织、企业界对举办论坛持续地给予大力支持与配合，加强论坛休会期间的沟通与交流。

（3）联合国可持续发展大会将于 2012 年在巴西里约热内卢召开，本届论坛是中国政府为迎接联合国可持续发展大会胜利召开所做的努力和准备，为纪念联合国可持续发展委员会成立 20 周年，进一步发挥库布其国际沙漠论坛在推动荒漠化防治与可持续发展中的平台作用，论坛定于 2013 年 7—8 月在内蒙古鄂尔多斯库布其沙漠七星湖召开，并在环境保护与绿色经济和消除贫困等方面展开广泛而深入的探讨，共同谋划全球未来可持续发展的新道路。

（4）全球荒漠化防治在局部地区取得了积极的成效，但从全球范围内看，荒漠化蔓延的趋势仍在加剧，人类生存与发展的空间面临着严重的威胁。为此，论坛呼吁各国政府和国际社会高度重视荒漠化问题，发展中国家应切实改变可能导致土地沙化的生产和生活方式。发达国家、国际组织和跨国集团应积极向发展中国家提供各种帮助，承担共同但有区别的责任。

（5）亿利集团探索建立的"以科技带动企业发展、产业带动规模治沙、生态带动民生改善"的库布其产业化治沙模式为全球荒漠化防治提供了新的发展模式，具有广泛的借鉴意义，希望亿利集团进一步完善库布其模式的内涵，深化国际交流与合作，不断向全球荒漠化地区提供技术、人才等方面的援助，努力为全人类荒漠化防治做出更大的贡献。

四、第四届论坛

2013 年 8 月 2 日至 3 日，以"沙漠·生态·科技"为主题的第四届库布其国际沙漠论坛在内蒙古自治区鄂尔多斯市库布其沙漠七星湖召开。论坛围绕土地零退化、绿色增长、可持续公益与商业模式、自然资本投资与商业价值等，交流全球荒漠化防治与新兴产业发展的先进技术与经验，探索荒漠化防治产业与市场化新路径。

本届论坛由科学技术部、国家林业局（现国家林业和草原局）、内蒙古自治区人民政府牵头主办，全国政协人口资源环境委员会、农业部（现农业农村部）、环境保护部（现生态环境部）、全国工商联、国家旅游局（现文化和旅游部）、中国科学院和联合国环境规划署、《联合国防治荒漠化公约》秘书处联合主办，鄂尔多斯市人民政府和亿利公益基金会承办。

时任国务院副总理汪洋，时任全国政协副主席、科学技术部部长万钢，时任国家林业局（现国家林业和草原局）局长赵树丛，时任内蒙古自治区党委书记巴特尔，时任联合国副秘书长、联合国环境规划署执行主任施泰纳，时任联合国"里约 +20"峰会秘书长沙祖康，时任《联合国防治荒漠化公约》秘书处执行秘书吕克·尼亚卡贾，日本前首相鸠山由纪夫，新西兰前总理麦克·莫尔，以色列前驻华特命全权大使安泰毅，时任以色列驻华特命全权大使马腾出席了本次论坛。

论坛期间，与会嘉宾通过深入探讨，取得如下成果。

（1）发起"全球荒漠化治理库布其行动"。该行动从中国库布其沙漠开始，从鄂尔多斯市开始，从内蒙古自治区开始，全球携手，将在全世界有需要的地区和国家推广库布其荒漠化的治理经验，为全球的荒漠化防治做出应有的贡献。

（2）结成全球防治荒漠化战略伙伴关系。联合国环境规划署、《联合国防治荒漠化公约》秘书处分别与亿利公益基金会结成战略伙伴关系，签署《全球沙漠绿色经济发展战略合作协议》和《全球荒漠化防治战略合作协议》。联合国两大组织将分析、研究、提升中国库布其"可持续公益商业治沙模式"的成功经验，通过广泛的科学活动以及共建全球可持续土地管理论坛成员网络，给全球其他面对荒漠化严重挑战的地区提供解决思路。

（3）启动"全球沙漠科学技术网"。由亿利公益基金会发起，全球40多位知名科学家与论坛组委会共同启动"全球沙漠科学技术网"，以促进全球防沙、治沙、用沙的技术交流与科技成果转化。

（4）联合国环境规划署将库布其沙漠确立为库布其生态经济示范区，对中国沙漠绿色经济实践进行科学审议。以该示范区为基础，论坛集中研究中国社会团体在中国西北部干旱和沙漠地区的生态系统管理和资源效率上的贡献，进一步研究和完善市场化、产业化、公益化防治荒漠化长效机制，并在全球沙漠地区大力推广。

五、第五届论坛

第五届库布其国际沙漠论坛于2015年7月27日至29日在内蒙古自治区鄂尔多斯市库布其沙漠国际会议中心召开，主题为"沙漠生态文明·共建丝绸之路"。论坛采用政府和社会资本组合模式，由科学技术部、国家林业局（现国家林业和草原局）、内蒙古自治区人民政府、联合国环境规划署和《联合国防治荒漠化公约》秘书处共同主办，由鄂尔多斯市人民政府和亿利公益基金会联合承办。

来自 40 多个国家、地区以及联合国等国际组织的 300 多位高级官员、著名企业家、科学家、艺术家、青年学者和新闻媒体人士参加了论坛。时任国务院副总理汪洋，时任全国政协副主席、科技部部长万钢，国家林业局（现国家林业和草原局）局长张建龙，时任内蒙古自治区党委书记王君，《联合国防治荒漠化公约》秘书处执行秘书莫妮卡·巴布，欧盟委员会前主席、葡萄牙前总理若泽·巴罗佐，非洲联盟前主席、加纳前总统约翰·库福尔和西班牙前首相萨帕特罗等出席了本次论坛。

论坛以联合国 2015 后发展目标实施合作以及中国政府提出的"建设生态文明和共建'一带一路'"为背景，围绕"2015 后生态文明建设和绿色发展机遇""'一带一路'合作：共建、共赢、共享"等主题，取得如下成果。

（1）通过了"库布其共识"。论坛再次强调，荒漠化是严重的全球性生态问题，严重威胁着人类的生存、健康、安全、和平，是影响可持续发展的重要变量。论坛支持联合国以及各国政府高度重视生态与环境，把对抗荒漠化作为重点，列入有关国家和地区合作项目；支持绿色"一带一路"建设，在实施过程中必须严守生态红线，制定和实行必要的生态保护战略和政策；支持成立"全球沙漠生态经济联盟"倡议，并鼓励"联盟"与论坛建立紧密联系；支持联合全球有志于生态修复的科学家、企业家、艺术家和青年结成广泛联盟，创造性地发挥民间力量，鼓励政府和社会合作模式，动员更广泛的资源，推动全球尤其是沙漠地区生态系统修复、荒漠化治理和绿色经济发展，为全球生态环境安全和可持续发展做出贡献；建议将生态文明建设理念纳入联合国文件。

（2）通过了《2015 后生态文明建设愿景和合作框架》《全球荒漠化治理库布其行动计划》两个成果文件并呼吁各界广泛支持实施。

①《2015 后生态文明建设愿景和合作框架》：该文件旨在为参与合作的国家、国际组织和机构的科学家、企业家、艺术家以及从事生态管理、决

策和规划的人员提供一个今后 10 年在生态文明建设领域，包括荒漠化防治和应对气候变化等方面的民间合作框架。本着民间组织合作、开放与自愿、平等与透明、互利与共赢和互补原则，促进 2015 年后国际社会在生态修复、环境保护、绿色增长、知识分享和能力建设等领域政策和行动计划的制定和实施，推动建立政府与民间的伙伴关系，通过创新市场机制和商业模式等助推生态文明建设。

②《全球荒漠化治理库布其行动计划》：在自愿的基础上，增强各机制间的沟通、协调与合作；推动多层次的能力建设、科技支撑和国际合作；探索通过市场机制、商业手段，促进政府和民间伙伴关系的建立，开展生态修复、荒漠化治理，应对气候变化。通过信息交流与共享、实用技术研究与培训、区域政策对话与咨询、技术转让和孵化示范与项目推广等手段，促进和提高全球，包括非洲地区和"一带一路"沿线国家——特别是发展中国家——的能力建设和技术管理水平，推动实现全球 2030 年荒漠化土地零增长目标，为可持续发展和消除贫困的最终目标贡献力量。

六、第六届论坛

2017 年 7 月 28 日至 30 日，第六届库布其国际沙漠论坛在内蒙古自治区鄂尔多斯市库布其沙漠七星湖举行。自 2007 年创立并召开首届会议以来，论坛已历经十多载。十几年来，论坛秉承"改革开放"的理念和宗旨，坚持不懈地致力于推动库布其、中国乃至世界的荒漠化治理事业。论坛所取得的丰硕成果为荒漠化治理以及为实现联合国提出的"土地退化零增长"目标提供了中国方案。

论坛由科学技术部、国家林业局（现国家林业和草原局）、内蒙古自治区人民政府、联合国环境规划署和《联合国防治荒漠化公约》秘书处联合举办，由中国人民外交学会协办，由鄂尔多斯市人民政府和亿利公益基金会承办。

来自 35 个国家和国际组织、政府间组织、非政府间组织的 250 多名政要、官员、科学家、企业家和商界领袖、青年学者以及新闻媒体人士参加了此次论坛。

本届论坛旨在深入贯彻落实"一带一路"国际合作高峰论坛成果，促进沿线国家在荒漠化治理和绿色发展领域的务实合作；论坛与《联合国防治荒漠化公约》第十三次缔约方大会紧密衔接，为大会提供荒漠化防治成功案例和"一带一路"沙漠绿色经济发展相关新兴问题合作的构想。

中国国家主席习近平向论坛发来贺信。他指出，荒漠化是全球共同面临的严峻挑战。荒漠化防治是人类功在当代、利在千秋的伟大事业。中国政府历来高度重视荒漠化防治工作，取得了显著成就，为推进美丽中国建设做出了积极的贡献，为国际社会治理生态环境提供了中国经验，库布其治沙就是其中一个成功实践。他还指出，库布其论坛成为各国交流防沙治沙经验、推动实现联合国 2030 年可持续发展目标的重要平台。

国务院副总理马凯出席论坛并发表主旨演讲。马凯强调了防治荒漠化的重要性，分享了中国政府在推动生态文明建设和防治荒漠化的经验与成就，肯定了库布其沙漠绿色经济模式。他号召进一步开展国际合作，鼓励分享中国的经验并推动全球荒漠化防治事业共同发展。中方主办、协办部门的领导人也在开幕式上表示继续优先支持生态修复、推动国际合作。

参会的各国政要、有关政府部长和高级官员分别在开幕式和论坛高层全体会议致辞或发表特别演讲，盛赞中国国家主席习近平提出的生态文明建设理念以及中国在荒漠化防治领域取得的重大成就，特别赞赏内蒙古自治区创造的库布其绿色经济模式。

联合国相关机构特别代表赞扬中国引领世界，制定相关法规、采取综合手段对抗荒漠化，使千百万人摆脱贫困；同时，赞赏中国的亿利集团发展了国际领先的生态财富创造模式，以及适应气候变化和修复退化土地的成就。

　　"一带一路"沿线的许多国家都受到荒漠化和生态破坏的严重影响。参会代表围绕"绿色'一带一路'，共享沙漠经济"的主题，通过实地考察、专题对话和学术交流等环节，重点探讨了"一带一路"沿线国家荒漠化治理、沙漠生态科技创新、绿色金融创新发展、沙漠治理与消除贫困等当前国际社会高度关注的重大生态环境问题的合作，达成了一系列共识。

　　（1）在"一带一路"合作实施中，需要注重生态文明建设、生态修复和"绿色贯通"，这是实现习近平主席提出的"绿水青山就是金山银山"发展理念、推动国际减贫的重要举措。根据互利合作的原则，鼓励进一步拓展双多边合作渠道、创新政府与民间的合作机制，支持并推动更多生态修复项目落地，让所有合作方获益，特别是使当地居民有实实在在的获得感。

　　（2）中国在库布其沙漠创造的"治沙—生态—经济—扶贫"平衡驱动发展的生态修复模式是"治本良策"，成效显著，为对抗荒漠化的大规模行动树立了典范。库布其模式对荒漠化治理的理念、机制和技术创新，是可复制、可推广的，建议向"一带一路"沿线国家以及世界各地饱受荒漠化影响的国家和地区推广。

　　（3）科技是生产力。生物技术和种质资源利用、节水技术和土壤改良、生态能源开发、大数据技术、遥感监测和物联网技术展示了巨大的潜力和应用前景。论坛认为，生态企业和研究部门应该携手推进生态修复、生态技术集成应用、生态产业化技术体系建设。建议采取适当措施，促进联合国组织与企业、政府与民间合作，如联合推动建立沙漠生态园区、沙漠联合创新实验室和生态产业示范工程。

　　（4）市场化机制和商业化运作是生态治理和绿色经济永续发展的动力。联合国和相关机构可与政府合作，提高能力建设，为制定"一带一路"绿色经济发展的相关政策与措施，生态修复和生态评估的技术标准与规范等提供必要的技术支持，促进技术转移和服务，包括提供跨国生态治理合作和业务的政策支持。

（5）金融创新是推动沙漠绿色经济的重要环节。要探讨与"互联网＋"时代相适应的投融资机制，建立创新的政、产、融政府和社会合作模式，如绿色金融、绿色债券、碳基金等，助推生态产业新业态和传统治沙产业转型升级，如沙漠生态旅游开发、沙漠文化挖掘与发展、沙漠特色小镇建设等，延长治沙和生态产业的产业链，使治沙和生态修复既成为可持续的公共物品，又成为有效益的投资和市场行业。

（6）欢迎联合国环境规划署与亿利公益基金会在库布其建立"'一带一路'沙漠绿色经济创新中心"，以推动沙漠治理和生态修复科技研发，支持"一带一路"地区技术转移和服务，推动沙漠治理和生态产业发展能力建设。建议中国政府把该中心纳入"'一带一路'科技创新行动计划"并给予支持；同时号召联合国和有关国际组织、相关政府和民间企业积极参与该中心的建设并提供支持。

（7）库布其论坛已被确认为实现联合国 2030 年荒漠化零增长和实现相关的联合国 2030 年可持续发展目标的重要平台和机制，参会者一致建议论坛与包括联合国环境规划署和《联合国防治荒漠化公约》在内的联合国机构建立战略合作伙伴关系；特别建议利用《联合国防治荒漠化公约》第十三次缔约方大会的企业家论坛和有关活动，重点介绍库布其模式和经验，争取通过大会的成果文件（如《鄂尔多斯宣言》）分享库布其的治沙经验。

（8）对于本届论坛的成功举办，向论坛主办方、协办组织以及承办单位表示衷心祝贺，特别是对内蒙古自治区各级政府的大力支持和人民的热情好客深表谢意；对库布其论坛秘书处的辛勤工作表示感谢。

七、第七届论坛

2019 年 7 月 26 日至 28 日，来自 45 个国家和国际组织的 300 多名政要、官员、科学家、企业家以及媒体人士参加了在中国内蒙古自治区鄂尔多斯市库布其沙漠七星湖召开的第七届库布其国际沙漠论坛，围绕"绿色'一带一路'，共建生态文明"的主题进行了广泛的交流和深入的探讨，达成了如下共识。

（1）人类只有一个地球家园，荒漠化防治是关系人类永续发展的伟大事业。国际社会应携手努力，加强防沙治沙国际合作，推动全球环境治理，全面落实 2030 年可持续发展议程，还自然以和谐、美丽，为人民谋幸福安康。我们必须把土地保护上升到全新的高度，这是实现可持续发展目标和全球人民更美好未来的迫切需求。库布其沙漠治理，为国际社会治理环境生态、落实 2030 年的议程提供了中国经验。

（2）防治荒漠化是全球性的问题，需要世界各国的共同努力。中国积极推动"一带一路"国际合作与落实 2030 年议程深度对接，而"一带一路"倡议，可以成为凝聚这些努力和行动的纽带，由绿色发展理念与"一带一路"倡议相结合构建而成的绿色"一带一路"已经成为国际社会的重要共识。库布其模式的经验、理念、技术，有助于"一带一路"沿线国家和地区荒漠化防治，助力实现联合国提出的 2030 年全球土地退化零增长的目标。

（3）荒漠化治理、应对气候变化与生物多样性保护是一个系统的工程，需要全社会的共同努力和广泛参与。市场化、社会化、规模化、系统化与可持续的荒漠化治理方案是库布其模式的核心要义。

（4）技术创新是引领荒漠化防治的关键。建议加强荒漠化防治的科技创新布局，形成若干有国际影响力的防沙治沙的科技中心。加强多学科的交叉融合的全链条的研发，并大力推进防沙治沙技术创新成果的转化应用。大会建议，自 2020 年起，每年在库布其或"一带一路"沿线地区和国家举办世界治沙生态创新创业大赛，搭建通过技术产业和金融驱动绿色"一带一路"建设的合作平台。

（5）产融结合在生态修复可持续发展中起重要的作用，也面临着重大的机遇和挑战。大会倡议，与会各方积极推动绿色金融与产业的融合。荒漠化的治理需要绿色金融的支持，充分利用绿色信贷、绿色债券、绿色基金、绿色保险、绿色股权在内的绿色金融工具。推动利用市场化生态补偿机制等方式来解决生态修复及荒漠化防治的融资问题。

（6）充分借鉴库布其模式中的产业扶贫经验。在荒漠化的贫困地区推广生态修复与产业扶贫融合的发展模式，可提高荒漠化地区的自我发展能力，从根本上解决贫困问题。

第三节　论坛成果

自 2007 年创立以来，在各方的共同努力和支持下，论坛精心组织实施各项活动计划，其独特的机制在推动荒漠化治理领域发挥了不可替代的作用，收获了丰硕成果，影响力已经遍及全球。10 多年来，论坛以生态文明和绿色发展理念为指导，以沙漠、生态、科技、新能源等为主题，旨在通过在荒漠化防治、生态保护、新能源开发、沙产业发展等方面的交流与合作，促进生态环境保护，推动沙漠地区可持续发展。10 多年来，论坛汇聚了全球防沙治沙以及沙产业发展的先进技术成果，建设了具有前瞻性的以沙漠新能源和沙漠旅游为主的沙产业示范基地，充分展示了中国在防沙治沙、发展绿色经济、建设绿色"一带一路"等领域的创新成果。

特别是第七届库布其国际沙漠论坛，成为论坛创立以来，在库布其防沙治沙发展史上最具有里程碑意义的一次会议，是具有承上启下意义的一次会议，更是人类治理沙漠历史上具有空前意义的盛会。习近平主席、联合国秘书长古特雷斯、巴基斯坦总理伊姆兰·汗纷纷发来贺信。习近平主席在贺信中肯定了库布其沙漠治理为国际社会治理环境生态、落实 2030 年议程提供的中国经验。来自 45 个国家和国际组织的 300 多位与会代表达成共识，库布其沙漠变绿洲是习近平生态文明思想的生动实践，是世界防治荒漠化的"中国智慧"。

一、沙漠绿色经济

让沙漠变成绿洲、助推沙产业，使沙漠帮助沙区人民摆脱贫困、实现沙漠治理和经济发展的双赢，是论坛的核心目标之一。多年来，论坛不断总结亿利集团治理沙漠和发展绿色经济的成功经验，确立了库布其沙漠绿色经济模式。

库布其沙漠绿色经济模式的核心内容包括以下 3 个:一是"治沙、生态、产业、扶贫"四轮平衡驱动,真正把绿起来与富起来相结合、生态与产业相结合、企业发展与生态治理相结合;二是构建"生态 + 生意"的"6 个生态"支柱产业体系,将生态修复、生态农牧业、生态健康、生态旅游、生态光能和生态工业有机结合,创造具有可持续性的生态商业模式;三是建立政府政策性支持、企业产业化拉动、农牧民市场化参与的政府与社会合作共赢机制,形成"公司 + 基地 + 农户"的运营模式。

经过 30 多年的艰苦努力,库布其沙漠绿色经济结出灿烂果实,实现了沙漠生态环境改善、企业治沙投资赢利和沙区农牧民摆脱贫困的多赢。

(1)目前,库布其沙漠由原来的"不毛之地"变成超过60万hm^{2}的沙漠绿洲。整个库布其沙漠的沙丘高度较30 年前整体下降约一半,约6.67万hm^{2}的沙漠出现了生物结皮和黑色土壤,具备了农业耕作条件,被称为"沙漠奇迹"。同时,库布其沙漠充分利用沙漠丰富的光、热资源,大规模地发展以大棚和节水灌溉农业为主的现代农业,种植出了沙漠西瓜、香瓜、黄瓜、西红柿等作物。

(2)生物多样性得到明显恢复。库布其沙漠出现了天鹅、野兔、胡杨等 100 多种绝迹多年的野生动植物;2013 年,沙漠迎来了 70~80 只灰鹤;2014 年,沙漠又出现了成群的丹顶鹤。

(3)沙漠生态环境小气候明显改善。沙尘天气大幅减少,年降雨量明显增加。

(4)沙区农牧民年均收入和生活水平大幅提升,实现了治沙脱贫。据科学评估,库布其沙漠绿色经济累计带动 10.2 万名群众彻底摆脱了贫困,沙区农牧民年均收入从 400 元增长到 1.5 万元。更重要的是,沙区农牧民的思想观念和生产生活方式发生了重大改变。他们重新认识了沙漠,不再害怕沙漠,认识到沙漠不仅可以治理,而且可以致富。他们由过去的散居游牧、靠天吃饭转变为通过多种渠道就业创业,增收致富。

库布其沙漠 30 年荒漠化治理和沙漠绿色经济发展源于"沙漠经济学"理念。该理念对全球荒漠化治理的核心启示如下：一是沙漠是可以治理的，沙漠的问题可以变为机遇，沙漠里也可以长出绿色食品，长出绿色财富；二是治理沙漠必须规模化、系统化，最终形成沙漠绿洲，改善生态环境，增加生物多样性，改善沙漠小气候；三是治理沙漠要考虑经济性，要尊重自然规律、经济规律和产业规律，遵循沙漠绿色经济原理，核心就是如何把沙漠的问题变成机遇，把沙漠的负资产变成能产生财富的绿色资产；四是治理沙漠必须要有高科技的支撑，要创新种子技术、节水技术、土壤改良技术、绿色农业技术和相关产业技术；五是治理沙漠需要进行理念和机制创新，沙漠不是负担，而是蕴含着巨大财富的，要构建政府、企业和农牧民多元共治的沙漠治理机制，形成公益化、市场化与产业化有机结合的生态商业运营模式。

库布其沙漠绿色经济的成功实践有力地响应了中国国家主席习近平在全球范围内提出的绿色发展和绿色"一带一路"倡议，是践行"绿水青山就是金山银山"发展理念的典型范例。库布其沙漠绿色经济的成功模式得到了国际社会的广泛关注和赞誉，被视为荒漠化治理的"治本良策"，在全球荒漠化治理中具有标杆和示范意义，作为全球环境与发展双赢的案例，多次在联合国高级别会议上得到赞誉和推广。2012 年，库布其沙漠生态文明被列为联合国"里约 +20"峰会重要成果向世界推广，亿利集团被联合国授予全球环境与发展奖。2014 年，联合国环境规划署确立库布其沙漠生态治理区为全球沙漠生态经济示范区。2015 年，库布其沙漠绿色经济成果荣获《联合国防治荒漠化公约》颁发的 2015 年度土地生命奖。

二、荒漠化网络和信息共享

库布其行动计划在此领域的目标是建立开放性全球防沙治沙网络信息平台，推动知识、经验、技术、专家资源等信息的共享，实现共同发展。

在过去几年，国际国内众多荒漠化治理相关机构借助论坛建立了紧密的合作联系，开展了一系列关于荒漠化治理的科技创新应用、知识分享和信息交流合作（见下表）。

荒漠化治理网络和信息共享合作

机　　构	合作内容
《联合国防治荒漠化公约》缔约方大会	荒漠化治理的政策、技术、最佳实践、示范、能力建设等
联合国环境规划署	沙漠绿色经济研究报告 青少年环境教育培训基地 绿色"一带一路"建设
埃及沙漠研究中心	沙漠农业中的可持续利用和沙漠生态经济 荒漠化监测和评估
蒙古国减少沙漠化研究中心	荒漠化和土地退化监测评估 荒漠化数据库 荒漠化治理的最佳实践技术
巴基斯坦可持续发展政策研究所	实施《联合国防治荒漠化公约》的政策与行动
塔吉克斯坦可持续发展公共组织	荒漠化地区可持续土地管理
突尼斯干旱区研究所	干旱地区发展研究 荒漠化防治研究和能力建设 可持续土地管理的共享数据库
美国俄勒冈州立大学牧草和草原科学项目	沙漠和半干旱地区牧草系统的信息共享
中国外文出版发行事业局	在库布其沙漠设立生态文明实践报道基地
中国国务院新闻办公室	出版中英文版本的《库布其：沙梦》，促进世界对中国荒漠化治理努力和成果的了解
中国绿化基金会绿色公益联盟	传播绿色生态公益理念 普及绿色生态公益文化知识
中国内蒙古自治区发展研究中心	荒漠化治理政策；绿色"一带一路"建设

三、促进能力建设

库布其行动计划在此领域的目标是建立健全履约和执行机构，培养造就优秀人才队伍，特别是荒漠化防治领军人才，提高执行效率和管理水平。论坛以亿利集团为依托，致力于推动沙漠生态修复、生态经济等领域的人才交流与教育培训，为相关国家和地区培养高素质研究人员；同时，通过示范，促进技术和技能在当地进行有效的传播（见下表）。

促进能力建设

机　　构	合作内容
《联合国防治荒漠化公约》缔约方大会	设立库布其全球沙漠学院，为非洲等地区提供培训
联合国教科文组织	借助库布其模式开展荒漠化教育研究
蒙古国	派研究和从业人员在库布其参加防沙治沙培训
突尼斯干旱区研究所	荒漠化、土地退化和干旱土地网络教育
中国内蒙古农业大学	在库布其成立教学与科研试验基地，为内蒙古农业大学毕业生提供就业实习平台
中国北京林业大学	在库布其就生态修复前沿技术研究、科技成果转化、人才培养和生态环境产业整合等领域开展深入合作
中国塔里木大学	开展"绿化塔漠、保护塔河"千人生态植树会战以及生态修复活动
易兰集团	开展生态环境修复的整体规划设计合作
中国城市建设研究院有限公司	开展生态环境修复规划设计及工程管理
中国内蒙古自治区鄂尔多斯市杭锦旗	在库布其沙漠节水农业示范区建设太阳能智能提水灌溉示范项目

四、开展科技研究和建立产业技术创新联盟

库布其行动计划在此领域的目标是大力推进科技创新，加强荒漠化科学研究，积极发展防沙治沙产业。论坛一直努力推动开展企业与国家科研机构的紧密务实合作，建立新技术转化孵化器，探索整合荒漠生态治理、荒漠设施农业、荒漠经济与沙产业开发等优势科技资源，探索产学研合作的新机制和新模式（见下表）。

开展科技研究和建立产业技术创新联盟

机　　构	内　　容
库布其沙漠种质资源基地	目前，种质资源库拥有沙柳等 1 000 多种耐寒、耐旱、耐盐碱的植物种子，开发储备了微创气流植树法等 100 多项沙漠生态技术成果以及 100 多种沙漠生态治理工艺包，为世界荒漠化地区提供了种质资源和生态修复工艺技术
库布其沙产业科技孵化中心	构建从基础研究到产业化发展的完整孵化链条，组建沙旱生植物研究、甘草根瘤菌研发、现代农牧业研发、生态固沙剂研发等团队；建成 1 个组培实验室、1 个智能温室、约 66.67 hm^2 繁育基地，开展了流程化苗木繁育中试，筛选出适宜在沙漠地区种植的草本苗木，经繁育基地进行集中繁育后在库布其沙漠进行规模化种植
内蒙古库布其沙漠技术研究院	致力于沙漠生态、沙漠材料等 7 大领域科技研发和应用
新疆维吾尔自治区阿拉尔市	推动沙漠生态建设和沙漠经济发展战略合作
山东农业大学	合作设立山东农业大学亿利绿土地技术研究院，围绕荒漠化、盐碱化等退化土地治理等重大技术问题，利用大数据、物联网、电商等技术手段，构筑可持续发展的农业全产业链技术支持系统，建设退化土壤治理与修复解决方案的权威技术支撑平台
中国建筑技术集团	合作成立沙漠绿色建筑研究所，共同致力于绿色、低碳、节能、环保的新材料、新技术、新产品的技术开发应用，以及建筑一体化、模块化平台研究与建设，助力国家绿色"一带一路"建设
泰国正大集团	在库布其沙漠、腾格里沙漠、塔克拉玛干沙漠，共同投资修复利用荒漠化土地发展现代生态牧业
华为技术有限公司	共同发展"治沙＋发电＋种植＋养殖＋扶贫"的生态光伏产业，建设真正意义的全数字化智能光伏电站

五、示范样板及咨询推广

库布其行动计划在此领域的目标是建立最佳实践的总结评价体系，推广运行机制，组织相关专家提供防沙治沙技术咨询服务。过去几年，论坛一直努力推广包括库布其沙漠绿色经济模式在内的经验与做法，探索一条可供各国借鉴仿效的环境与发展、治理与致富相结合的发展道路（见下表）。

示范样板与咨询推广

项　　目	内　　容
蒙古国：地理学和生态学研究中心防风林项目	借鉴库布其模式防治荒漠化
巴基斯坦：可持续土地管理防治荒漠化计划	借鉴库布其模式应对荒漠化和土地退化
塔吉克斯坦：营养敏感型蔬菜技术项目	借鉴库布其模式在干旱地区培植大棚蔬菜，培植耐盐碱的作物，修复受侵蚀土地、盐碱地和积水地等
2022 年冬奥会雪上项目举办地：河北省张家口市崇礼区绿化工程	张家口市崇礼区是 2022 年冬奥会雪上项目大部分比赛承办地。自 2014 年 4 月起，亿利集团用不到 6 个月的时间，完成造林超过 2 000 hm^2，栽植各类苗木 400 多万株，苗木成活率达 96.9% 以上，大大提高了项目区的森林覆盖率
国家三北防护林退化林修复项目（张家口段）	2015 年，国家林业局（现国家林业和草原局）出台了《关于做好退化防护林改造工作的指导意见》，三北防护林工程区的 9 个省区 50 个县开启退化林改造修复工作。亿利集团承接河北省约 33.33 万 hm^2 造林工程
京张（G6 高速路）迎宾廊道	京张迎宾廊道是奥组委考察冬奥会必经必看的重点项目。亿利集团承接的项目一期工程包括京藏高速公路、张承高速公路（两侧 100 m 以内），将连接北京的道路变成了一条连续无断带的绿色长廊
库布其沙漠造林碳汇项目	在库布其沙漠地区实施碳汇造林 13.6 万 hm^2，将潜在的碳汇减排量和生态环境效益，申报开发为具有市场价值的中国核证自愿减排量（CCER），并通过碳交易市场出售，为沙漠地区造林碳汇项目在国家温室气体自愿减排交易体系中发挥试验示范作用

续表

项　　目	内　　容
库布其沙漠 1 000 MW 光伏复合生态发电项目	2016 年，内蒙古自治区同意将库布其沙漠 1 000 MW 光伏复合生态发电项目列为"林光互补"治沙产业示范基地。该项目实施"林光互补"一体化发展模式，是运用光伏电站建设与防沙治沙、宜地造林绿化相结合的一种创新机制探索
内蒙古自治区乌兰布和沙漠生态治理工程	乌兰布和沙漠位于内蒙古自治区阿拉善左旗境内，地处黄河西岸，是黄河上中游生态系统中的关键部位。截至目前，亿利集团已完成土地平整约 1 666.67 hm^2，配套实施了作业道路、管道管网、覆草固沙 600 hm^2 等配套基础设施建设工程
内蒙古自治区乌兰察布市霸王河生态环境治理工程	霸王河是乌兰察布市的"母亲河"。2010 年，亿利集团与集宁区政府签署了霸王河综合治理协议。经过 2 年多的治理，霸王河重现生机，区域生态环境系统逐渐得以恢复
上海市浦东新区库布其生态文明实践教育基地	上海市浦东新区与西部地区，特别是丝绸之路经济带沿线荒漠化地区，通过该基地加强互联互通，使上海市的人才、金融、科技创新优势辐射至"一带一路"沿线地区，助力绿色丝绸之路建设
吉林市松花江流域水环境综合治理项目	运用亿利集团的生态修复技术开展综合治理
内蒙古自治区阿拉善沙漠健康产业示范项目	借助亿利集团先进的生态修复技术及完整的沙产业链，打造特色生态沙产业示范基地
贵州省安顺市西秀区生态修复项目	借助亿利集团在生态修复和产业开发方面的技术优势，推动西秀区生态环境治理
西藏自治区那曲市植树重大科技攻关项目	借助亿利集团治沙技术、模式和经验改善那曲市的生态植被
西藏自治区拉萨市生态修复与产业开发项目	亿利集团为拉萨市提供生态环境治理、土地修复、生态技术服务、生态产业开发、生态城运营等全方位优质生态服务
2015 年世界地球日万人植树活动	亿利集团在内蒙古自治区、新疆维吾尔自治区、河北省及宁夏回族自治区沙化地区种植 20 多万棵树苗

续表

项　目	内　容
2016 年世界地球日启动生态产业治沙扶贫项目	与国外公司合作甘草高端加工产业化工程 与蔬菜产业链企业——深圳农产品合作 在库布其沙漠、塔克拉玛干沙漠建设国家沙漠公园
2017 年世界地球日植树公益活动	亿利集团在内蒙古自治区库布其沙漠、新疆维吾尔自治区塔克拉玛干沙漠、甘肃省腾格里沙漠等 8 省区沙漠种植 40 万株树苗
2018 年世界地球日植树活动推动全民义务植树	与全国绿化委员会、中国绿化基金会签署战略合作协议，共同推进义务植树和国土绿化行动

六、国际合作

库布其行动计划在此领域的目标是促进国际社会在荒漠化防治合作的机制化，实现各国荒漠化治理能力的根本性提高。近 2 000 位来自世界各地的企业家、科学家、政府和国际组织官员参加了过去 7 届论坛，在推动荒漠化治理的国际合作与交流方面做了大量卓有成效的工作，为全球从事荒漠化治理、生态修复和社区发展的国际组织和各国政府官员、科技工作者、企业家以及热衷于生态环保事业的民间团体，提供了一个展示最新技术成果、交流管理创新经验、推动能力建设和促进国际合作交流的民间平台（见下表）。

国际合作

活　动	内　容
2017 年 6 月，联合国环境规划署与亿利公益基金会签署了谅解备忘录，共同启动了"一带一路"沙漠绿色经济创新中心	创新中心搭建合作交流平台，聚焦：①推动沙漠生态技术研究和技术集成与提升；②推动生态技术转移和项目合作；③提高能力建设，包括青少年的生态环境教育培训。目的是把库布其 30 年的沙漠绿色经济成功实践，分享到"一带一路"沿线地区以及全世界的荒漠化地区

续表

活　　动	内　　容
2013 年 8 月，在第四届库布其国际沙漠论坛上，联合国环境规划署、《联合国防治荒漠化公约》秘书处分别与亿利公益基金会签署"全球沙漠绿色经济发展战略合作协议"和"全球荒漠化防治战略合作协议"	通过以库布其国际沙漠论坛为代表的学术活动和大会，在全球范围推广干旱地区生态系统管理和库布其模式，促进全球科学及知识与国家政策和地方行动相结合，激励公共和私营部门的具体行动，支持向绿色经济转型，增加宣传和交流，扩大土地生命奖在全球的影响力，建立企业代表和机构成员与《联合国防治荒漠化公约》的合作网络，开发创新项目，以增强科技、商业及民间社团的能力
2014 年 11 月，《联合国防治荒漠化公约》与亿利公益基金会在第六届世界公园大会上联合发起"绿色丝绸之路伙伴计划"	旨在联合全球合作伙伴，运用公私伙伴合作模式，在丝绸之路经济带沿线地区进行绿色投资，推动改善生态环境，应对气候变化，发展绿色经济
联合国环境规划署联合亿利公益基金会举办青少年环境夏令营	联合国环境规划署联合亿利公益基金会于 2016 年举办青少年环境夏令营。夏令营以可持续发展目标为主题，讲解与生物多样性等环境议题相关的可持续发展目标，旨在让青少年了解生存的环境是如何变化及其对人类发展的影响，并认识到参与环境议题与可持续发展的必要性
2017 年 7 月，王文彪应联合国邀请出席在伊朗首都德黑兰召开的国际防治沙尘暴大会并介绍库布其模式和沙漠经济学原理	库布其沙漠治理模式引发各国与会代表的广泛关注。伊朗决定派代表团参加 2017 年 7 月底在库布其沙漠举办的第六届论坛，实地考察并探讨沙漠治理合作
2017 年，亿利集团和库布其国际沙漠论坛参与联合国环境规划署与中国环保部（现生态环境部）共同倡议发起的"一带一路"绿色发展国际联盟合作	开展绿色"一带一路"建设国际合作与交流，讨论落实联盟在沙漠生态领域的示范项目框架
2016 年，亿利集团参与联合国开发计划署在北京成立的可持续发展顾问委员会	旨在借助中国企业的独特视角和资源网络，为联合国新的 17 个可持续发展目标在中国实现而努力
2017 年 6 月，首届内蒙古国际荒漠化防治科技创新高峰论坛	向国内外专家学者代表介绍库布其治沙实践

续表

活　动	内　容
2017 年 4 月，亿利集团参加国家林业局（现国家林业和草原局）访问埃及代表团	确定了中国和埃及荒漠化防治合作
2017 年 6 月，国家林业局（现国家林业和草原局）组织"走近中国林业·中国防治荒漠化成就"考察活动	向来自缅甸、老挝、埃塞俄比亚、斯里兰卡、巴基斯坦、澳大利亚、坦桑尼亚、肯尼亚、尼泊尔、柬埔寨、日本、越南、塔吉克斯坦等国家以及《联合国防治荒漠化公约》亚太区域办事处、联合国粮农组织、世界粮食计划署、联合国环境规划署等组织的 18 位驻华使节和代表展示了库布其防治荒漠化方面的成功经验与模式
巴基斯坦可持续发展研究所与库布其国际沙漠论坛秘书处开展合作	在 2017 年第四季度举行的巴基斯坦可持续发展大会议程中列入库布其行动计划和中国防治荒漠化治理计划
2016 年 5 月，印度媒体到访库布其沙漠	交流库布其治沙扶贫的实践，探讨"一带一路"机遇下的中印绿色合作展望
2016 年 6 月，瑞典科学家到访库布其沙漠	探讨围绕库布其模式开展多方面合作
2016 年 6 月，墨西哥新闻代表团访问亿利集团	希望库布其治沙扶贫模式能够推广到北美地区
2016 年 7 月，埃塞俄比亚新闻代表团访问亿利集团	希望能够将中国库布其的治沙经验分享给埃塞俄比亚和非洲更多的人民，促进双方的合作与交流
2018 年 6 月，库布其模式走向"一带一路"启动仪式在北京举行	亿利公益基金会与联合国环境规划署共同组建工作组，推动生态项目合作、开展培训等具体工作

第四节　国外嘉宾热议库布其

30年来，特别是党的十八大以来，库布其沙漠的面貌日新月异，产业兴旺，人民幸福；与此同时，党和国家与国际社会对库布其治沙成果与经验的重视与关注不断提升，习近平主席、李克强总理向库布其国际沙漠论坛致贺信，越来越多的国家元首、政府首脑、权威专家等国内外嘉宾通过库布其国际沙漠论坛等平台和渠道到访库布其。他们亲眼看见库布其的绿意盎然，亲身体验库布其的文旅民俗，亲口品尝库布其的瓜果美食。现场考察体验之后，他们对库布其的成果发出了由衷的赞叹，也对库布其的建设提出了很多真知灼见。他们的评价与建议，为亿利集团在库布其沙漠治沙平添了很多信心，也提供了诸多启示。

在此，把其中一部分嘉宾的话语摘录如下。

1. 联合国前副秘书长兼环境规划署执行主任埃里克·索尔海姆

库布其工作经验是极大的成就。在库布其，我们可以看到绿水青山，也能看到脱贫致富的人们。库布其实现了多赢，既有良好的政策环境，也有良好的企业和脱贫致富的政策。所有的力量共同造就了库布其的成就。库布其经验告诉我们，沙漠可以发电、提供再生资源、提供旅游资源。因此，沙漠对人的福祉和健康，是一个潜在的优势和机遇。

要分享库布其经验，把问题变为机遇。库布其经验表明，沙漠有发展大规模经济的潜力和机遇。要借助市场的力量，把资源整合在一起。实践证明，库布其模式是可实现、可推广的。我们应该把库布其经验和库布其精神推广到全世界，比如尼日利亚、摩洛哥。但是库布其模式不能简单复制，要在一定的条件下推广。

改革开放以来，中国一直在向世界其他地方展示中国经验。中国过去在学习，现在还在学习。中国现在可以向全球贡献的，要比中国要学习的更多。现在，中国有非常多的最佳实践，可以向全世界输出，比如库布其治沙防沙的经验以及生态文明的经验。

绿色"一带一路"倡议要建立起国际绿色发展联盟，和其他国家一起努力，共同开展合作。不同国家间相互学习，相互分享经验。《生物多样性公约》第十五次缔约方大会将于 2020 年在中国昆明举办，届时，我希望把库布其和其他地方的防沙治沙经验，以最佳实践案例的方式介绍给全世界。

2. 联合国前副秘书长、联合国"里约 +20"峰会秘书长沙祖康

亿利集团按照"生态、民生、经济"平衡驱动的可持续治沙战略，让沙漠变绿洲，让贫困群众脱贫致富，让企业获得长足发展。他们的发展模式和实践经验，对全世界都有借鉴意义。

丝绸之路经济带的沿线国家大多数生态环境脆弱，土地荒漠化严重。这些国家都不妨以史为鉴，借鉴库布其模式，走绿色发展之路。这样不仅有助于生态修复、改善民生和消除贫困，而且有助于减少国家冲突和地区纷争，为世界赢得和平。

库布其治沙是个奇迹，不仅是对中国的贡献，而且是对世界的贡献；不仅是中国的财富，而且是世界的财富。

3. 联合国副秘书长、《联合国防治荒漠化公约》前执行秘书莫妮卡·巴布

孔子说，我们要靠学习获得智慧，而模仿是最简单的学习方法。我们要合理使用土地资源，阻止农田的损失，让它们重新恢复生产能力。这样，退化的土地就能成为社会繁荣稳定的源泉。在中国的库布其，我们就看到黄土地又回来了，库布其沙漠有超过 6 000 km^2 的沙地变为绿洲，当地居民、

企业和政府保持了良好的伙伴关系，10 多万人因此摆脱了贫困，这里的生态体系和居民不再限于谋生，而是实现了繁荣发展。而这样的经验在埃塞俄比亚和洪都拉斯也有好的应用。在治沙中，这种模式可以为人们提供绿色就业机会，推动农村和城市发展。

4.《联合国防治荒漠化公约》秘书处前执行秘书吕克·尼亚卡贾

全球每年至少有 1 200 万 hm² 的农业土地变成荒漠化土地。荒漠化会给人类带来食品安全和气候恶化等问题。因此，荒漠化现象应当引起全人类的重视。库布其沙漠曾是死亡之地，现在变成了生机勃勃的绿洲，让我们觉得非常有希望。

5.《联合国防治荒漠化公约》秘书处副执行秘书普拉迪普·蒙加

联合国始终关注生态修复这一重要问题，并在人类安全、移民及当地就业等方面拥有相应机制。"一带一路"沿线国家可在诸多领域开展合作：我们不仅要种树，而且要重视水资源保护，沿线国家还可在食品安全等方面进行合作。

库布其模式给世界治沙事业带来启示：荒漠化问题一旦得到控制，不仅能保护生态系统和土地，而且能同时保证粮食安全、水资源安全，促进当地经济的发展。我认为库布其模式值得研究和总结，相信库布其模式是一个值得推广的模式。

6.欧盟委员会前主席巴罗佐

复兴丝绸之路是非常好的概念。"一带一路"沿线许多地区饱受荒漠化影响，其建设应注意保持生态平衡，建设绿色丝绸之路。荒漠化不仅是环境问题，而且是经济、社会问题，还有可能成为政治甚至安全问题。针对沙漠化应有解决方案，亿利集团的库布其模式就是成功的案例，很好地应对了荒漠化带来的巨大挑战。

7.加纳前总统约翰·库福尔

30多年前，库布其治沙团队在王文彪先生的领导之下开始了改变历史的进程，拉开了库布其故事的大幕。30多年后，库布其模式已成功地把6 000 km² 的沙漠变成了绿洲，在中国北部建造了中国绿色长城，不但拯救了生态文明，而且帮助成千上万的人脱贫，这对全世界其他国家来说，尤其是对非洲来说，是非常优秀的典范。库布其故事是具有启发性的，因为我在此亲眼见证了一些非常好的变化。它帮助我们建立了人与自然之间的平衡，展现了人类的意志力，让土地的退化得到了控制。

8.北京林业大学教授冯仲科

一向贫瘠的库布其沙漠竟然能够长出各种植物，还能让一些灌木形成阵势，这起到了防风固沙的作用，更关键的是，人们能够在这上面见到实质性效益。

9.斯洛文尼亚前总统达尼洛·图尔克

沙漠治理是全球的需求，一定要对此加以深刻理解，而且治理土地退化的沙漠，对经济、发展来说，对安全来说，都是非常重要的。

各方有必要开展合作，比如沙漠治理，在地区、国家、国际层面，都需要对水加以管理，首先在国际上要开展跨界管理。对有大面积沙漠的国家来说，地下水对生态是非常重要的。对于地下水的利用，一定要科学。未来，生态保护、生态文明建设都是非常大的挑战，希望各方现在能通过库布其沙漠论坛对此有更多的讨论。

10.希腊前总理安东尼斯·萨马拉斯

我在中国看到了人类可以把沙漠变成绿洲的奇迹。

人类的某些行为会破坏环境、影响到全球生态平衡。但是我来到库布其沙漠看到，这里的人们把沙漠变成了绿洲，简直就是一个奇迹，它把一个荒漠噩梦变成一个美好的愿景，对此，我感到非常震撼。

11. 印度尼西亚经济与工业委员会主席巴黑尔

我感到无比惊奇，因为看到库布其为生态扶贫贡献了力量。在中国库布其沙漠上，创造这样的奇迹，是当地的政府、企业以及农牧民三者通力合作的结果。他们用了近30年时间，将这片沙漠改天换地，这让我想起了中国愚公移山的故事。现在这个故事在中国的库布其沙漠得到了印证。目前，国际社会已经达成了这样的共识，那就是"世界治沙看中国，中国治沙看库布其"。在来这里之前，我想到这里会是非常苍凉的景象，到这里之后，我发现这里是一片神奇的土地。

12. 世界未来委员会全球总干事雅各布·冯·岳克斯库尔

我们将把沙漠化治理纳入法律，将形成多方参与的综合治理机制，促进我们的相关计划执行。那么，库布其模式是见证者。这个项目有经验也有教训。而我们受到的启发是非常大的，我们很高兴看到这样一个商业模式报告。

13. 非盟委员会协调员埃里温·保罗·塔根

非洲的一些年轻人正在离开自己的国家，穿越撒哈拉沙漠并渡过地中海从意大利去法国等国家，其中大部分年轻人都来自干旱国家。荒漠化会使人饥饿、营养不良、失业，现在还有其他新出现的问题，比如恐怖主义。一些恐怖组织分布于非洲的干旱地区，它们很容易在当地招募年轻人并培训成恐怖分子，因为家乡土地荒芜、干旱，这些年轻人无事可做。

今天我们非洲30个国家在努力，特别是在政策层面，我们有这个战略、融资，特别是有《联合国防治荒漠化公约》秘书处等的支持，我们在库布其沙漠看到的就是我在非洲的梦想，在以后的日子里，我们还要再来和亿利集团进一步会谈。

荒漠化可能会引起战争、移民、动荡和迁徙。现在非洲的很多年轻人用各种各样的方式移民到欧洲，也有来到中国的。我们可以合作，让人民留在自己的国家。让我们携手拓展库布其经验，把它复制到非洲。

库布其模式并不是一个万灵药，并不是解决荒漠化的终极方案，我们思考的是如何把这个模式进行本地化，推广到非洲，进行相应的协调、适应、修正。我们要把这个模式打造出来，让它能够满足国际化的标准和要求。

14. 吉尔吉斯斯坦丝绸之路研究中心副主任阿斯兰贝克·欧姆科夫

包括吉尔吉斯斯坦、哈萨克斯坦和乌兹别克斯坦等在内的中亚国家都对库布其在治沙方面的经验非常感兴趣。中国的"一带一路"倡议给吉尔吉斯斯坦这个内陆国家在未来发展上带来了更多机遇和可能。我国政府非常支持本国与中国在能源项目以及经济项目上开展合作，我国企业同样非常乐意与中方企业开展业务交流。相比欧洲，中国企业往往给出的报价更低，质量也可靠，因此中国企业的投资在我们国家很受欢迎。

目前，吉尔吉斯斯坦国内企业的规模都不是很大，虽然有不少与中国或俄罗斯合作的合资企业，但规模普遍较小，潜力有限，因此在参与规模较大的"一带一路"合作项目时通常是心有余而力不足。我国的小型企业多倾向于参与规模较小的项目以争取在短时间获得回报。不过，在政府的支持下，丝绸之路研究中心一直鼓励企业参与到更大型的项目中。在这方面，希望中方可以更加主动一些。

非常希望看到没有生命的沙漠能变成带来富裕和繁荣的地方，这不光是生态的转变，而且是社会方面的转变，要有可持续的发展。希望更多国家或者公司，能够从库布其引进技术。我非常赞赏中国的发展，中国往往把复杂的技术简化，使之能够在世界各地推广。

15. 2017 年《联合国防治荒漠化公约》土地生命奖获得者——印度流域组织信托的领奖代表克里斯宾诺·西蒙·罗布

虽然库布其是个奇迹，但是要推广其模式还要考虑世界各地沙漠和环境条件。首先，要有远见并持之以恒；其次，需要社区力量的支持。我认为库布其模式之所以成功，是因为当地人口密度比较小，不会有那么多人受影响。但是印度不一样，印度人口很多，想做任何事情都会遇到很多困难。要实现可持续治沙，就要采取多元方法，社会各界要形成合力。这不是种树就能完成的事情。我们需要系统的工程，可以变废为宝，变沙漠为资源。但这需要包括政府、私有企业、公民和社会在内的多方努力和配合。

16. 爱沙尼亚环境部部长希姆·基斯勒

我认为这些经验非常重要。全球，如欧盟的现任首脑们一定会谈论这个，并且将库布其研究出的成果推广到欧洲国家，研究解决沙漠化问题的不同方法。

这样的种树技术简直太棒啦！公司无须投入较高的资金进行种树，而且成活率高。这里的风景很美，能够到库布其考察，我感到特别荣幸！

17. 爱沙尼亚驻华大使玛特·库克

30 年前，这里黄沙遍地，但经过亿利集团及当地政府的共同努力，现在的库布其绿色绵延，沙漠化得到了有效控制。这里所做的一切都值得其他荒漠化国家学习、借鉴。

爱沙尼亚是一个森林覆盖率极高的国家，在那里没有荒漠化。但是我还是为中国的荒漠化治理给出了建议，中国应该继续它在荒漠化治理方面的工作和努力，尤其是像亿利集团这样的中坚力量，一定要继续努力，为荒漠化治理做出长久贡献。如此，中国的荒漠化才能得到有效控制。

18. 柬埔寨农业、林业和渔业部副部长泰·昆索堤

库布其将脱贫致富和环境保护相结合的理念，对东南亚的发展中国家有良好的示范效应。尽管东南亚各国不用面对治理沙漠的问题，但土地荒漠化和气候变化等环境问题依然存在，又伴有粮食短缺等贫穷现象。库布其的环保致富理念给我带来很大的启发，如果能够通过改善环境来提高土地的粮食产量，同时帮助当地农民脱贫致富，就会一举多得。

在防沙治沙示范区参观时，我目睹了螺旋钻孔植树法、节水容器种植法和网格治沙技术等沙漠绿化种植方式的现场示范。我认为这些新技术既简单易学又科学有效，大大提高了治沙效率，是库布其模式成功的关键所在。

19. 柬埔寨农业、林业和渔业部官员阔亚

中国幅员辽阔，地理特征复杂，要治理生态环境并不容易。政府的决断力加上企业的创新精神，才造就出今天的库布其沙漠。对世界各国来说，意识到环境保护的紧迫性尤为重要。一旦生态遭到破坏，治理和修复起来就将耗资更多。

20. 意大利代表团团长格拉麦诺斯

中国是一个大国，中国的行动具有导向作用。我们很高兴地看到中国如此重视环境保护。我们有很多地方可以彼此学习，衷心希望能建立合作和联系，在科学知识方面展开交流。

在库布其沙漠的见闻给我留下深刻印象。这些知识和经验对其他地区有启示作用，值得其他地区借鉴。让这些知识和经验能够分享、传播到其他国家和地区，这是非常重要的。

21. 意大利国际生物多样性中心主任安·塔特怀勒

随着全球变暖，全球环境不断恶化，沙漠化问题对人类来说是一个不

小的挑战。我认为，在沙漠地区保持生物多样性是十分重要的，这对恢复沙漠地区生态环境、提高土壤有机质具有极为重要的作用。这个问题的解决没有捷径，我们必须创新环境治理方法。

沙漠经济学，尤其是发展沙漠旅游业是十分明智的经济发展策略，因为像库布其这样独特的生态景观势必会吸引来自世界各地的游人前来观赏。

如果增加生物多样性，那么农业的产量、质量可以提高3~4倍。中国是农业绿色革命的先锋，中国在这一点上的工作非常成功。引入新的植物，提高生物多样性，对于应对土地退化意义重大。土地退化往往是由生物多样性不足引起的，如果只有一种植物，则一旦病虫害发生，将严重影响产量和物种安全。因此，我们开发了土地管理的工具，追溯种子的来源，并且识别种子的品种，从而研究种子对于病虫害的抗性，目的是找到适合的植物，造福未来。

22. 联合国环境规划署驻华代表处官员蒋南青

未来随着"一带一路"沿线各国合作的不断加深，中国荒漠化治理的理念和技术将能随着库布其国际沙漠论坛走出国门，走向更多受荒漠化影响的国家，尤其是中亚、西亚国家。

23. 澳大利亚阿德莱德大学教授斯夸尔

习近平主席提出了库布其沙漠治理经验值得中国其他地区以及"一带一路"沿线国家学习。库布其的秘诀在于，它采用全面的方法，利用了沙漠的资源，从中植树造林、发展经济、发电等。这样，当地老百姓在利用土地的时候，还考虑到环境所提供给他们的机遇。这一系列的措施就可以被称为"灵丹妙药"。库布其模式应该是全球荒漠化治理的教科书。

24. 联合国环境规划署经济学家奥利维拉博士

《库布其生态财富报告》是课题组在多次赴库布其实地全面考察调研的

基础上撰写完成的，是对库布其成果和模式进行深入研究后的结论，具备科学性、权威性与公正性。库布其的投资体制可复制，发展模式可推广，技术创新可输出。库布其经验充分体现了全球利益与财富共享机制，可供全球荒漠化国家和地区借鉴。

在库布其案例中，关键点在于：着眼于长期发展，而且不应该仅仅把目光关注到土地本身，更应该创造出一种合作共赢和全方位的发展模式。在新加坡和中国，还有在世界各地，这种模式都应该进行推广，而且它具有实际的落地意义。

25. 瑞士驻华大使戴尚贤

中国治沙技术水平的快速发展离不开国家的政策支持，在中国国家主席习近平"绿水青山就是金山银山"理念的号召下，充足的人力资源和雄厚的资本优势得以发挥，从而将库布其沙漠变成了创造奇迹的地方。我们应该将库布其模式在全球范围内进行推广，把中国成功的治沙经验分享给全世界。在推广过程中，各地要因地制宜，比如像非洲撒哈拉沙漠地区，就要根据当地的经济条件来降低治沙的成本，这样有利于大范围地实施沙漠治理。

26. 玻利维亚商界人士米格尔·克雷斯波

我们希望在大会上分享治沙经验、介绍本地环保技术和产品，同时学习中国控制荒漠化的经验。在防沙治沙示范区，工作人员驾驶着机器当场演示半野生化甘草平移治沙技术。我们看到了中国库布其独创的种植方法，这种培育作物的方式十分新颖，也很实用，我们获得了诸多启发。

27. 埃塞俄比亚环境、森林发展与气候变化部部长凯贝德·伊姆阿姆·多德

荒漠化是一个全球性的问题，而中国是一个荒漠化程度比较严重的国家。为了地球和子孙的未来，全世界都必须要合理解决这一棘手问题。而

中国及其人民为荒漠化治理付出了巨大的努力和辛勤的劳动，我对这种执着的精神表示钦佩。

在处理生态扶贫和荒漠化治理的关系时，我们要将经济和生态相结合，如果生态处理不好，经济就会受到影响，进而波及扶贫工作的进展。库布其在处理这一问题时，为世界提供了具有借鉴意义的模式和经验。这一模式很好地处理了两者之间的关系，通过荒漠化的治理，亿利集团帮助当地居民逐渐摆脱贫困，进而促进了荒漠化的进一步治理。

28. 瑞士先正达公司环境政策负责人罗曼诺·德弗沃

亿利集团打造的库布其模式在沙漠化治理方面堪称绝佳的典范。库布其模式向大家清楚地展示了如何提高生物多样化，改善土地健康与结构，减少土壤腐蚀。从长远来说，人力和能源成本在降低，投入也相应地减少到了最理想的水平。同时，库布其模式对环境、社会等方面的潜在回报是实实在在的。库布其模式还告诉我们，没有一套现成的技术和实践经验适用于所有地方，必须根据当地的地貌环境调整方法。

29. 贝宁国家环境规划署的环境顾问尼亚卡贾·莱奥波德

土地荒漠化在我的祖国和非洲其他国家都是一个很严重的问题，也是世界各国共同面临的一大难题。这次大会对于解决这一问题十分重要。我深入了解到了中国独创的库布其治沙模式。库布其模式是一次伟大的尝试，可以为众多非洲国家所借鉴，让全世界生态脆弱地区受到启发。

30. 贝宁共和国环境保护联合会负责人克莱门特·科坦

中国作为世界上最大的发展中国家，在环境保护方面做出的努力和取得的成果为非洲国家树立了良好的榜样，尤其是在防治荒漠化方面。中国库布其模式创新性的治沙理念，通过建立甘草药业产业链，在恢复绿地的同时，带动农民脱贫致富。让我最感兴趣的就是亿利集团在治理库布其沙漠过程中研发出的各种沙漠绿化种植技术，比如水汽法和节水容器种植法，这些新技术的开发和应用大大提高了治沙效率，体现出中国人在防治荒漠化领域的智慧。

库布其模式给位于非洲撒哈拉沙漠腹地和周边的各国带来很大的启发。我认为非洲面临的沙漠化现象显然更为严重，迫切需要引进先进的理念和技术。我对和中国环保企业的合作非常感兴趣。

31.罗马尼亚林业工程师拉杜·兹伯尔内亚

全球原生沙漠面积本就不小，加上近些年来人类对环境肆意开发，导致全球沙漠面积不断扩大，日益威胁到人类的生存，人类正处于生死存亡的紧要关头，必须抓紧时间解决这个问题。虽然罗马尼亚的土地荒漠化问题并不严峻，但水土流失、沙尘暴等问题依然十分严峻，因此也需要从库布其模式中吸取经验。

32.日本横滨国立大学教授小林正则

库布其的土地利用方式遵循了可持续发展理念，中国政府在这方面投入了巨大的精力，值得敬佩。

库布其模式是一个非常有用的模式，对于防风固沙、防治荒漠化加剧的沙尘暴都有重大意义。

我对世界各地不同种类的植物和昆虫怀有浓厚的兴趣，而在今天的亿利沙漠种质资源库中，我看到世界各地的植物都陈列其中，"就像博物馆一样"，这给我留下尤为深刻的印象。

我实实在在地感受到在干旱地区植树造林可以给企业和当地居民带来诸多益处，亿利集团在中国政府的大力支持下，在推广荒漠地区的新种植技术上投入了很大的精力。

33. 库克群岛环境部副部长莫纳·约阿内

库克群岛虽然是太平洋的一个岛国，也从未有过荒漠化，但从我个人角度来说，这次沙漠之旅是一次学习之旅。通过这次参观，我和我的国家都可以未雨绸缪，为未来可能遭遇的问题做好准备。

34. 南非环境监测小组信托成员诺埃尔

库布其模式取得的巨大成功令我感到极为震撼。我认为，环境问题的解决需要因地制宜。比如南非沿岸，海水侵蚀、风力侵蚀严重，因此需要大规模种植树木以防止水土流失；而库布其沙漠，由于水资源匮乏，因此更适合种植草类植物。同时，我希望了解更多关于库布其模式背后强大的科技支持。

库布其沙漠的治理成就十分令人惊叹。我十分赞同习主席的那句话——"绿水青山就是金山银山"。沙漠地区发展沙漠经济是非常明智的，既提高了经济效益，又提高了生态效益。这是绝妙的创举。

35. 英国生物炭工程公司董事长劳伦·弗莱彻

库布其模式获得了一些成绩，这些成绩为治理荒漠化问题指明了方向，希望今后在解决 20 亿 hm^2 的荒漠化问题方面取得更大的成绩。

36. 英国新丝路能源有限公司主席、英国下议院能源与气候变化委员会前主席蒂姆·叶奥

亿利集团贡献了重要的经验，我们看到这样的模式在全球范围内具有广泛的应用价值，有效地解决了荒漠化治理方面面临的重要挑战。荒漠化问题在全球范围内日益严峻，我们在库布其沙漠治理中，取得的有效的经验，将会成为一笔有效的财富。

第一是具有远见卓识的投资集团做出了贡献；第二是中国政府提供了

政策的支持，还有本地群众有效参与，以及创新企业的加入。我们看到当地政府开展的商业模式把政府资源转换成长期的政策支持和经济效益。良好的控制模式将会促进创新的有效传播，在荒漠化地区得到有效的利用。在这个过程中，营利项目与商业模式相匹配，进行自身造血，让项目获得更多可持续发展。

库布其模式的真正价值在于把这样的模式成功地拓展到其他国家，促进荒漠化治理，所以在非洲、中东，我们可能会有更多的应用潜力。

这个项目成功的背后，其中最重要的一点是居民的参与、政府的支持以及企业的高效投资。我们不能够采用一刀切的方式分析它的成功，而是要看到该模式充分挖掘当地居民的投入，因地制宜。我们可以看到，正是深深扎根于本土居民投入，库布其的经验才能够落地生根。这些也需要采用长期发展的立场和目标。

37. 德国地理学家延斯·文德利希

亿利集团取得的成果十分震撼人心，我认为能够在库布其沙漠这样艰苦的环境中大面积种植多种作物，恢复了一部分地区的生态环境，是一件非常伟大的事情。

沙漠经济学的确为当地居民提供了一条更好的生存道路，也实现了经济效益与生态效益的融合。但是必须保证这种开发是建立在可持续发展的基础之上。现阶段，我们投入了大量的资源用于沙漠环境治理，但这种模式是否能够实现可持续发展的目标还需进一步观察。我建议，应在当地种植原生植物，而非从其他地区引进新型作物，这样才能更好地达到保护生态环境的目的。

38. 加拿大环境学教授大卫·奥斯瓦德

当前，全球沙漠化问题十分严峻，需要我们共同努力，实现去沙漠化的目标。我与其他专业人士正在该领域共同合作，研究出了一些有助于缓解荒漠化的方法，比如一种新型疏水性设备，只需将这种设备埋到土壤里，当太阳光照射到地面的时候，土壤中的水分就不会随之流失，而是保留在土壤中。利用这种方法，人们可以在沙漠中大规模种植红树林。

39. 世界农林中心高级科学政策顾问帕崔克·沃姆斯

中国的治沙经验告诉我们，恢复沙漠地区的生态环境完全是可以实现的。在治沙中，要利用大数据，将科技与中国的"一带一路"倡议相结合，从而提高沙区居民的生活水平。全世界约有 20% 的土地是退化了的干地、旱地，其中又有约 80% 的地方都面临着战争、恐怖主义等政治问题的威胁。很多时候，土壤贫瘠，难以产出足够的粮食满足人们的需求，才导致了当地的贫困，正是贫困造成了一系列的政治问题。落实"一带一路"倡议和使用大数据、科技来更好地造福沙区居民这两件事是紧密相连的。中国在科技治沙和大数据的应用上取得了很多卓有成效的经验，这对其他国家和地区具有很强的借鉴意义，比如在东非、马里等地有成百万公顷的土地最近都变成了沙化地区，当地居民进行了很多努力，正在通过增加植被、增加土地营养实现对土地的恢复。

40. 沙特阿拉伯住建部部长顾问阿布瑞蒙

亿利集团 30 年来在库布其沙漠做出了成绩。行走在穿沙公路上，远处的沙漠与眼前的绿树成荫形成了鲜明的对比。

沙特阿拉伯有大面积的沙漠，给当地人的生活带来了很大的困扰，希望沙特方可以与亿利集团开展合作，将亿利集团先进的治沙技术运用到沙特阿拉伯，建立中沙友谊的绿色纽带。这次的旅程让我对亿利集团的信心更加坚定了，有机会我会再来库布其，我将尽全力去促成亿利集团与沙特政府的合作，让库布其模式走进沙特并开花结果！

41. 罗马尼亚外交部环境治理顾问亚力山德鲁·马吉斯教授

我想企业最关心的是商业方面的问题。因为可持续的商业模式需要 3个条件——社会、经济以及环境，在过去的那些危机中，我们也见到了这一点，所以经济可能性对商业、企业来说是最重要的一件事情。这也是我们的一个责任，就是要创造出一个可持续的商业模式，适用于经济这种大环境中。

42. 科威特环境与生命科学研究中心科学家拉法特·米萨克

我们认为沙漠是一种财富，此外，我们也已经设立了一些类似库布其这样具有表彰作用和成功模式的项目，希望通过这些项目的展示来证明，我们其实可以在荒漠地区实现植被的绿化，也可以提高经济作物的产量。这样的试点项目已经在科威特做了很多个。我们希望给大家传递这个信号：荒漠化确实是可以治理的。

43. 伊朗国家防治沙尘暴中心主任兹奥丁·肖伊

我们可以从库布其模式学习怎样治理荒漠化，尤其是政府怎样和企业合作，怎样鼓励这些企业参与治理项目。

44. 津巴布韦环境、水与气候部部长木赤瑞

库布其沙漠治理是一项伟大的工程。库布其的节水技术以及植树技术让我十分震惊。从甘草和肉苁蓉中提取出原料制作成药品以及保健品的技术，非常有想法！

太妙了，简直不可思议！用水汽法种树不仅快，而且从周边树木的长势来看，成活率还高，你们真是太聪明啦！

45.索马里环境部副部长康林

水汽法很简单，也很实用，种植一棵树的速度非常快，工作人员也不费力，植树效率非常高，可以在较短的时间内实现大面积的种植，提高了沙漠的绿化效率。这个方法非常好！值得其他国家学习借鉴。

46.不丹 SRD 主任吕德侯普

从那日沙峰顶环望四周，简直不敢相信这里之前全是沙漠，不得不赞叹亿利集团和库布其劳动人民的智慧。我要多拍些照片回去给我的家人们看，如果以后有机会的话，我一定会带他们来库布其。

47.《联合国防治荒漠化公约》办公员科斯·萨姆菲斯

库布其沙漠充满了奇迹，这里根本不像沙漠，在阿木古龙这个地方竟然能种出这么好吃的有机果蔬，简直太不可思议了！

48.巴基斯坦可持续发展政策研究院主席沙法特·卡卡赫尔

库布其的模式应该得到复制、推广，但应进行一些调整，不能一刀切，要因地制宜，要考虑政治、经济、社会、文化不同的地方。

库布其模式是个奇迹，这个成功取决于中国政府的意愿，中国政府愿意改善生态,这是最主要的。在库布其这边,到底是什么因素使得他们成功？是中国政府愿意为所有公民创造财富使得他们成功。

49.巴基斯坦媒体代表团团员亚希尔·哈比卜·汉

日前，我跟随一个巴基斯坦媒体代表团访问了位于中国内蒙古自治区的库布其沙漠。让我们一行人惊叹的是，中国成功地将一片荒漠变成了绿洲，并且通过开展畜牧、旅游、生物医药等产业帮助当地贫困的农牧民过上了幸福的生活。这不能不说是一个奇迹。库布其沙漠是中国第七大沙漠，那里曾经寸草不生，完全无法耕种，没有水，没有电，更没有未来。然而，在亿利集团的常年治理下，这片不毛之地焕发出绿色的生机，甚至依托沙漠资源形成了产业经济。亿利集团的治沙模式是：通过增强植被覆盖、植树造林、控制荒漠化、开垦耐寒的可耕种土地，把沙漠变为良田；通过开展创新型畜牧业、旅游业和生物医药业来改善民生，发展绿色经济。

50. 巴基斯坦生态科学与工程博士贾维德·伊克巴尔

亿利集团作为世界上最大的沙漠生态企业之一，成功地把沙漠的缺点转化为优点。他们通过使用最前沿的科学技术，帮助中国修复了生态系统，在国家层面上推进了中国的生态文明和绿色经济建设，改善了沙漠地区的生态环境，通过发展绿色经济解决了贫困问题。亿利集团成就了一个伟大的奇迹。

51. 巴基斯坦穆斯林联盟谢里夫派外交事务协调官穆罕默德·梅迪

巴基斯坦欢迎亿利集团到国内的沙漠地区投资。亿利集团将"利用工业化控制沙漠化"的点子植入了巴基斯坦人民的心中。从此，巴基斯坦五大沙漠都会利用这种新型的绿色经济，还会培育出天然的生态医药。亿利集团一直在使用一种经济的方式来植树防沙：他们首选的植树造林作物为甘草。这不仅仅是一种非常耐旱、适合在沙漠中生长的植物，更是一种药材，甘草加工在中国有着完整的产业链。

52. 以色列可持续农业咨询集团主席拉南·卡泽尔

中国是世界上人口最多的国家，中国用仅占世界 7% 的土地，养活了世界 20% 的人口。因此，中国更需要土地进行粮食生产。库布其是个很好的例子，能够为未来粮食生产提供解决方案。

库布其治沙是一项工程浩大的项目，对环境产生了有利影响，使得降水量增加、沙尘天气减少。沙丘是很好的资源，如果有足够的技术和水资源，并且知道如何去做，那么沙子只是用来容纳植物的一个容器，人们可以从中得到很好的收益。

53. 布隆迪《新生报》记者尼永格蕾

最令我鼓舞的是，我看到当地人不是试图逃离这片土地，而是学会了利用自己的土地。这一经验绝对是我要报道的重点。虽然布隆迪并没有沙漠，但是有相当一部分贫困人口。通过利用自然、保护自然创造财富的方法是值得借鉴的。

我把沙漠中的绿色给我的朋友看，他们都不相信。布隆迪没有沙漠，我们关于沙漠的印象就是没有生命的"死亡之地"，所以我现在还在不停地解释为何库布其会有这样多的绿色。

54. 刚果（金）《潜力报》记者卡布库

我要将中国先进的生态脱贫发展模式带回自己的国家。我国的大部分舆论都受西方媒体影响，对中国的成就并不十分了解。虽然，中国在非洲有许多援助项目，如公路、水利设施等，但是很少做媒体公关。《潜力报》是一份在我国很有影响力的报纸，我会将这次中国之行的收获传递给我国人民。

55. 非洲记者团喀麦隆记者吉蒙

在喀麦隆有一句谚语："你自己是富裕的，你管理的人民贫穷，那么你将不会拥有持续的成功。"我在这里感受到的是一个负责任的企业和一个负责任的政府。他们尽最大努力帮助当地农牧民改善生活条件，重视教育与培训，在治沙工程中，政府、企业、农牧民齐心协力。这种开拓进取和攻坚克难的精神，值得我们学习。

第五节　论坛展望　再创辉煌

当前，全球荒漠化问题依然非常严峻，荒漠化防治任重道远，也面临着难得的历史机遇。联合国 2030 年可持续发展议程将"防治荒漠化，制止和扭转土地退化"作为 17 项可持续发展目标之一，并提出到 2030 年土地退化零增长，为全球荒漠化治理确定了方向和目标。2017 年 5 月，在北京举行的"一带一路"国际合作高峰论坛将"防治荒漠化和土地退化"作为绿色"一带一路"建设的重要内容，为"一带一路"沿线国家荒漠化防治提供了坚实支撑。2017 年 9 月，在中国内蒙古自治区鄂尔多斯市召开的《联合国防治荒漠化公约》第十三次缔约方大会为下一步各国推动荒漠化防治提出了具体的计划和方案。

作为全球唯一的致力于推动世界荒漠化防治及沙漠绿色经济发展的大型国际论坛，库布其国际沙漠论坛紧紧抓住历史机遇，在系统总结过去 10 年成果的基础上，深入思考和探讨当前全球荒漠化治理的形势、目标、任务、挑战和机遇，在新的起点上奋发作为，砥砺前行，成就绿色发展梦想。

一、打造全球荒漠化治理智库平台

作为全球荒漠化防治的高层对话，论坛应继续发挥智库平台作用。作为一个成果和最佳实践的载体，论坛应充分发挥其独特的民间组织智库作用，深入研究荒漠化防治新技术，积极探索绿色沙产业发展新模式，推广类似库布其模式的成功案例，努力推动 2030 年全球土地退化零增长目标的实现，为推进全球荒漠化防治工作和人类可持续发展做出更大贡献。

二、推广库布其沙漠绿色经济模式

库布其沙漠绿色经济模式为全球荒漠化地区树立了绿色和可持续发展的榜样，带来了希望。论坛应不断深化总结和丰富库布其沙漠绿色经济模式的思想和最佳实践，借助联合国环境规划署、《联合国防治荒漠化公约》等国际机构平台和渠道，把库布其 30 年的沙漠绿色经济成功实践，分享到全世界的荒漠化地区，让库布其沙漠绿色经济的模式、经验、成果和技术传播到这些地区，改善这些地区的生态环境，造福当地民众。

三、助力绿色"一带一路"建设

库布其沙漠变成了一座沙漠绿洲。论坛应继续推动库布其沙漠生态实践经验和理念，让"一带一路"沿线国家受益。"一带一路"沿线国家应创造基于生态系统恢复的市场和商业机会，构建绿色投融资基金和网络，特别是促进在"一带一路"基础设施建设、绿色交通运输、绿色建筑、生态社区建设等领域的合作；积极推动光伏发电、风能发电、水电等清洁、可再生能源的开发，开展能源资源深加工技术、装备与工程服务合作等，实现"一带一路"绿色贯通。

四、创新论坛运行机制

库布其国际沙漠论坛作为一个机制性的国际论坛，经过 10 多年探索助力，其组织和运行不断完善。为了助推绿色、低碳、循环和可持续发展，助力联合国 2030 年可持续发展目标，特别是土地退化零增长目标，论坛需要与联合国环境规划署和《联合国防治荒漠化公约》秘书处结成更加紧密的合作伙伴关系，与《联合国防治荒漠化公约》缔约方大会密切合作；同时加快专业化和国际化建设步伐，建立创新性的论坛运行机制，适应形势发展，再创辉煌。

第八章

模式推广成果——亿利集团实施重大生态修复工程

第一节　甘肃腾格里沙漠生态修复工程

一、项目背景

武威市,位于甘肃省中部,河西走廊之东端,古时素有"'通一线于广漠,控五郡之咽喉'之重地"之称,曾经的中国第三大城市,一度是西北的政治、经济、文化中心,有"五凉古都""河西都会""雍凉之都""西夏陪都""马踏飞燕故里""中国旅游标志之都"等美誉,其文化影响力更占据西部文化的半壁江山。然而,一座历史文化旅游名城却深受环境制约,被腾格里和巴丹吉林两大沙漠包围,更由于祁连山水源涵养能力降低和用水量激增,武威的地表水锐减,超采地下水灌溉,导致荒漠边缘以每年 3 ~ 4 m的速度向绿洲推进。早在 2000 年初,国务院就在一次批示中指出"决不能让民勤成为第二个罗布泊"(民勤,武威市下辖县),此后,有关批示和指示达 11 次。

2015 年 10 月 21 日,在甘肃省主要领导班子,中纪委驻国家林业局(现国家林业和草原局)纪检组长、国家林业局(现国家林业和草原局)党组成员陈述贤的见证下,武威市政府与亿利集团在兰州签署了《甘肃武威沙漠生态产业扶贫项目投资合作协议书》,由亿利集团投资 150 亿元,在腾格里沙漠武威市民勤县、古浪县和凉州区实施沙漠生态修复造林绿化共 20 万 hm²,其中,凉州区 4 万 hm²、民勤县约 11 万 hm²、古浪县约 5 万 hm²。建设期限 5 年(2016—2020 年)。

二、基本情况介绍

项目充分利用沙区丰富的光热、辽阔的土地资源、有限的植物资源和动物资源，在治理沙漠和保护生态环境的前提下，采用人工种植经济价值较高的植物、饲养动物、光伏发电的方法，开发利用沙漠地区的野生动植物资源、土地资源和光能资源，减轻人们对环境资源的过度依赖，满足人们不断增长的物质、文化需求。

项目本着遵循"人与自然环境、社会经济和谐发展"的理念，以生态环境治理为基础，以现代科学技术为先导，突出"沙产业、现代循环农牧业、沙漠健康产业"三大特色，全力建设我国技术领先、可持续发展的生态沙产业基地。

通过项目实施，项目区沙漠化情况得到有效的治理，当地居民的生产生活环境得到明显改善，从而使当地居民的经济收入水平显著提高，实现生态效益、社会效益、经济效益——"三效"统一的目标。项目将防沙治沙与当地经济社会发展和企业增收相结合，与调整产业结构和改进当地生产生活方式相结合，将沙漠治理与生态保护相结合。

三、项目完成情况

为积极落实合作内容，亿利集团在协议签署后，立即成立"甘肃腾格里绿土地科技有限公司"进驻武威市开展相关工作，并委托国家林业局（现国家林业和草原局）西北设计院、甘肃省林科院完成"亿利集团武威一路一带一绿一产三园"的总体规划编制工作。其中，"一路"为道路及防护林；"一带"为产业经济林带；"一绿"为沙漠腹地绿化；"一产"为甘草粗加工和深加工；"三园"为沙漠健康产业园、国家级沙漠公园、循环农牧业产业示范园。项目规划建设内容如下。

凉州区项目主要为建设国家沙漠公园，包括约 7 113 hm^2 沙漠公园功能区、约 5 933 hm^2 道路防护林和生态保育区防护林。

古浪县项目主要包括约 2.67 万 hm^2 通过飞播造林建设白莎蒿采种基地和约 6 667 hm^2 循环农牧业产业示范园。

民勤县项目主要包括约 6.67 万 hm² 沙漠健康产业园，约 667 hm² 标准示范苗圃，沙漠植物种质资源圃约 67 hm²，建设沙漠治理新技术、新材料、新模式治沙成果展示区 3 000 hm²，药用植物储藏加工区约 13 hm²，封育绿化区 4.68 万 hm²，沙生药用植物甘草种植区约 2.67 万 hm²，包括甘草、黑果枸杞、罗布麻、长柄扁桃等，经济型梭梭嫁接肉苁蓉固沙林带 3.57 万 hm²。

1. 2016 年亿利武威沙漠生态产业项目建设情况

截至 2016 年底，亿利集团在武威已投资 3.78 亿元，其中，生态建设方面投资 1.58 亿元，具体包括以下几个项目。

编制亿利集团沙漠生态产业扶贫项目可行性研究报告、城市总体规划、道路规划、沙漠公园总体规划。

在民勤县南湖乡 E 区实施 2 000 hm² 自然造林，重点以梭梭树、花棒、沙柳为主，重点培育"梭梭树 + 肉苁蓉"产业。

布设 22.7 km 道路两侧稻草方格沙障约 535 hm²；营建 22.7 km 道路防护林约 272 hm²；实施甘草半野生化种植 800 hm²；实施杨树种植和其他设施建设 100 万元；民勤 E 区进沙便道、F 区道路工程和古浪机场新建道路 60 km；古浪县 D 区新建飞播机场一处，实施飞播造林 2 万 hm²。

2. 2017 年亿利武威沙漠生态产业项目建设情况

2017 年，本着政府为主导、企业为主体、市场化运作的基本原则，亿利集团在武威市生态建设方面投资 4.49 亿元，于 3 月份陆续启动，具体如下。

人工造林 8 000 hm²，其中民勤县南湖乡 E 区约 6 667 hm²"梭梭（1 110 穴 /hm²+ 沙柳 150 穴 /hm²）+ 芦苇"散铺式沙障，凉州 C 区约 1 333 hm²"梭梭 + 沙柳"。

　　甘草半野生化种植约 3 366 hm²，其中民勤南湖乡 E 区约 3 333 hm²，古浪西靖镇为民新村"公司＋合作社＋农户"甘草治沙扶贫示范基地约 33 hm²（枸杞地套种甘草）。

　　在凉州 C 区推沙修建简易作业道路 23 km。

　　在民勤 E 区、凉州 C 区、古浪 D 区建设亿利土壤气象大数据监测站 3 台套，通过大数据对沙漠生态区进行土壤、湿度、温度、降水等实时动态监测，为沙区实施生态治理提供可靠的科学依据。

　　古浪县飞播造林复播 2 万 hm²，6 月 30 日完成，投资 3 000 万元。飞播造林布设沙障约 1 333 hm²。

　　沙漠生态产业与微煤雾化等项目，两年累计解决当地劳务用工 33 969 人次，其中，沙漠生态建设务工人员 18 163 人次。

　　推进生态扶贫。甘肃腾格里绿土地科技有限公司已在长城乡组建起 2 支 200 人的由当地贫困户组成的扶贫联队，在荣华新村组建 20 支 400 余人的扶贫联队。一部分由我们推荐给中标的施工单位，参与亿利民勤、凉州、古浪县腾格里沙漠生态产业扶贫项目建设务工增收；一部分通过劳务输出，推荐给河北、内蒙古、青海、西藏等亿利生态项目部实施生态治理。同时，公司还开展了"党员一对一"党建帮扶工作，分别对口荣华新村 16 户贫困户。

　　实施围栏封育 20 万 hm² 沙漠，促进植被自然修复。亿利集团计划将武威市 A、B、C、D、E、F 6 个沙漠生态产业扶贫项目 20 万 hm² 项目区的网围栏封育工作，在 2017 年内全部完成，减少人为与牲畜干扰，促进植被自然修复，加快沙漠治理进程。目前亿利集团已经与古浪县农牧局合作，共同完成了古浪县 D 区部分沙漠生态用地围栏封育工作。

　　2017 年，在民勤南湖乡亿利 E 区同时进行了网笼沙障、U 型沙障、纱网沙障、弧形纱网沙障、窄条纱网沙障和亿利节水容器植树试验。目前效果较好，待进一步观察研究。

3. 2018 年生态建设计划

凉州区 C 区 2017 年约 1 333 hm² "梭梭 + 沙柳"工程进行梭梭补植工程，新增凉州 C 区飞播沙障约 467 hm²，人工模拟撒播和点播花棒 2 000 hm²，同时新增飞播沙障 467 hm² 花棒种植任务。

民勤 E 区对 2016 年 2 000 hm² 近自然造林和 2017 年约 667 hm² "梭梭 + 沙柳 + 甘草"进行梭梭补植工程，同时对 2016 年约 533 hm² 道路防护林进行花棒补植工程，新增梭梭花棒混交林 800 hm²。

第二节　内蒙古乌兰布和沙漠生态修复工程

一、项目背景

亿利阿拉善盟乌兰布和沙漠生态健康产业基地位于乌兰布和沙漠的东缘、阿拉善盟左旗境内的黄河西岸，东、南临乌海，北接磴口，是黄河上中游生态系统中的关键部位，是生态脆弱、敏感区，为我国四大沙尘源地之一。近年来，乌兰布和沙漠每年以 8～10 m 的速度东侵，每年输入黄河约 1 亿 t 的泥沙，对黄河造成严重威胁，而且将影响河西走廊、宁夏平原、河套平原，甚至波及西北、华北及更远的江南地区的生态安全，已是我国荒漠化治理的前沿阵地。党的十八大提出了建设生态文明战略和全面建成小康社会的目标，按照《国务院关于进一步促进内蒙古经济社会又好又快发展的若干意见》，治理乌兰布和沙漠，解决其对黄河的直接危害，成为当务之急。

亿利集团的发展理念与国家生态经济建设需求和内蒙古阿拉善盟的经济建设发展需求不谋而合，阿拉善盟乌兰布和生态沙产业示范区恰好又为亿利集团提供了适宜的载体，于是亿利集团决定在阿拉善盟乌兰布和生态沙产业示范区实施该项目。项目区属于阿拉善盟乌兰布和生态沙产业示范区，项目规划建设总面积约 20 307 hm²。

二、基本情况介绍

将防沙治沙与地方经济发展、生态产业扶贫促进农牧民增收有机结合起来，在大力改善生态环境、发展沙漠经济的基础上，既可满足人民不断增长的物质文化需要，也能实现精准扶贫。2016年，亿利集团本着遵循"人、环境、经济和谐发展"的理念，以生态环境治理为基础，以现代科学技术为先导，突出"沙产业、现代循环农牧业、沙漠健康产业"三大特色，全力建设我国技术领先、可持续发展的生态沙产业基地，目前已整理土地面积约2 467 hm^2，其中，已覆土面积约233 hm^2，基础设施建设修建砂石道路80 km，示范区政府架设直径为1 m的引黄输水管线至基地，年供水量为2 000万~3 000万 m^3，同时为保障项目区适时用水，亿利集团自打32眼深度为80 m、出水量为100 m^{3}的深水井，铺设地下输水管网68 km，35 kW、10 kW的高压线路贯穿项目区，项目区内架设低压输变电路4 km，种植工程完成甘草平移种植400 hm^2，其中，梭梭套种甘草200 hm^2，防护林建设约533 hm^2，葡萄7 hm^2，油用牡丹约3 hm^2。

乌兰布和沙漠生态修复工程治理前（一）

乌兰布和沙漠生态修复工程治理前（二）

乌兰布和沙漠生态修复工程治理前（三）

乌兰布和沙漠生态修复工程治理后（一）

乌兰布和沙漠生态修复工程治理后（二）

乌兰布和沙漠生态修复工程治理后（三）

亿利集团阿拉善项目公司成立至今，依托"绿起来与富起来相结合、生态与产业相结合、企业发展与生态治理相结合"的发展模式，按照"政府政策性支持、企业产业化投资、农牧民市场化参与、生态持续化改善"的治沙生态产业扶贫机制，通过"公司＋合作社＋农户"、"甘草治沙改土"产业扶贫项目等全方位的帮扶模式助力当地农牧民脱贫致富。

三、项目完成情况

2018 年 3 月 1 日，阿拉善盟乌兰布和生态沙产业示范区召开 2018 年党工委、纪工委（扩大）会议，乌兰布和绿土地科技有限公司应邀参加本次会议。会上，沙产业示范区工作委员会及乌兰布和生态沙产业示范区管理委员会联合为亿利阿拉善盟乌兰布和绿土地科技有限公司颁发"助力脱贫攻坚突出贡献奖"，亿利集团在脱贫攻坚的路上再添一枚金光闪闪的奖牌。

　　"助力脱贫攻坚突出贡献奖"的颁发，是阿拉善盟当地政府对亿利集团绿色扶贫事业的认可，是对亿利集团绿色扶贫理念的肯定。2018 年，阿拉善盟乌兰布和绿土地科技有限公司继续巩固治沙扶贫成果，在发展绿色产业的同时，进行产业扶贫和劳务扶贫，充分发挥扶贫就业基地的示范引领作用，以实际行动助力乌兰布和沙漠地区农牧民增收致富，为实现"绿水青山就是金山银山"的目标而努力奋斗。

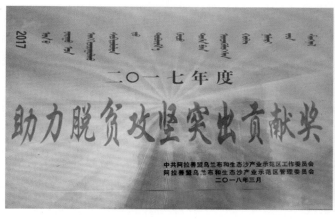

（A）

（B）

助力脱贫攻坚突出贡献奖

第三节　冬奥会生态景观修复工程

一、项目背景

位于北京西北的张家口市是太行山、燕山交汇之地，是首都水资源涵养功能区，区位优势明显，地理位置十分重要。但在 2000 年，张家口市森林覆盖率仅为 20.4%。干旱缺水、植树绿化率低导致水土流失严重、风沙肆虐，让张家口一度成为"全国污染严重城市"，直接威胁首都北京的环境安全。因此，历届市委、市政府都把生态建设放在重要位置。

党的十八大从新的历史起点出发，做出了"大力推进生态文明建设"的战略决策，并赋予生态文明建设突出的地位，同时于全过程中融入经济、政治、文化与社会建设的各个方面，形成了"五位一体"的总体建设布局。生态文明建设是关系人民福祉和中华民族未来的长远大计。生态文明建设是构建我国生态安全的主体，是经济、政治、文化与社会建设的基础与保障。

2008 年，北京奥运会让国人圆了百年奥运梦，有力地振奋了民心，提升了国家形象，使承办冬奥会成为国人 21 世纪的又一梦想。2013 年 11 月 3 日，中国奥委会正式致函国际奥委会，提名北京市和张家口市为第 24 届冬奥会的联合申办城市，张家口市崇礼区主要进行雪上比赛项目。但根据以往经验，一个城市的生态环境是向外界展示的重要名片，一些生态绿化指标更是评判一个城市是否具有奥运会举办条件的硬性规定，所以承办冬奥会对张家口生态环境提出了更高要求。尽管在 2014 年前的几年中，随着京津风沙源治理工程、清水河综合治理以及通道绿化等工程的实施，张家口市的区域生态环境得到了极大的改善，但仍与冬奥会举办地标准有一定差距。

冬奥会生态景观修复工程治理前（一）

冬奥会生态景观修复工程治理前（二）

冬奥会生态景观修复工程治理前（三）

为了确保冬奥会申办成功及高水平的举办，向世界展示"美丽中国、生态中国"形象，项目区的生态环境还需进一步提高和改善，特别是有必要对一些交通主干线两侧及第一可视面以及滑雪赛场周边、旅游区重点区域进行生态修复和景观提升。为此，2014年3月14日，张家口市与亿利集团签署了战略合作协议。双方就生态建设绿化和冬奥会绿化工程、柠条种植和加工项目、退化林分改造项目、林下经济项目等达成合作意向。亿利集团旗下核心业务板块——亿利生态修复公司以此为契机，先后投资100亿元与张家口市政府联合启动了"京张生态屏障工程"，先后实施了崇礼区申奥绿化工程、G6迎宾廊道等冬奥会准备绿化工程、坝上退化林分改造等项目，拉开了亿利集团厚植绿水青山优势、助力张家口市成功申办2022年冬奥会的序幕。

二、基本情况介绍

由亿利集团负责实施的崇礼区申奥绿化工程、G6迎宾廊道等项目为张家口市2014年度重大生态绿化工程，也是为申办2022年冬奥会进行的准备绿化工程。因此在树种选择规划时以常绿树为主，主要栽植樟子松、云杉、油松等。

经过短短一年多的综合治理，亿利集团在从张家口市怀来县到崇礼县超过200 km的漫长战线上，在张垣大地怀来、宣化、桥东、崇礼等4县区广大的施工区域上，在充分发挥自身20多年生态修复经验、善于组织实施大工程等多重管理优势的基础上，有力地克服了造林环境恶劣、工期紧、任务重、协调难、反季施工等不利因素，以高标准、严要求提前完成工程各项建设工作。累计栽植各类苗木480万株，成功修复了冬奥会赛场核心区附近及旅游线两侧可视范围内3 000 hm² 的国土，苗木验收成活率在90%以上，真正做到了一次成林、一次成景，区域生态修复成果显著。成功地将库布其模式与经验输入到张家口乃至河北其他地区，将亿利集团的绿色大旗牢牢插在了燕赵大地。

冬奥会生态景观修复工程治理后（一）

冬奥会生态景观修复工程治理后（二）

冬奥会生态景观修复工程治理后（三）

冬奥会生态景观修复工程治理后（四）

　　根据评估，亿利集团实施的一系列重大生态工程在生态效益、社会效益以及经济效益方面对项目区所在地产生了三重积极影响。各项目营造的生态林在涵养水源、保持水体、防风固沙、调节气候、消除噪音、保护生物多样性、提高森林碳汇功能、显著增强环境承载能力等方面起到了巨大的作用。不但为张家口市及周边区域增绿、增色、增美，而且对净化该区域的空气质量、改善区域小气候、遏制风沙对张家口市及北京市的侵袭、彻底改善工程区及市区的生态环境起到了重要的积极作用。这一系列工程为北京市和张家口市联合申办 2022 年冬季奥运会营造出冬奥景观提供基本保障。冬奥会准备绿化工程实施及后续管护过程中累计用工超过 50 万人次，其中，90% 的劳务工人直接从项目所在乡镇雇佣。这一做法为当地创造出了数量可观的就业机会，群众的腰包随着项目实施鼓了起来，生活质量也得到显著改善。可以说，通过项目的实施，最终做到绿了河山、富了百姓，有力地助力了脱贫攻坚。

突出贡献奖

三、项目完成情况

2015 年 7 月 31 日，北京获得 2022 年第 24 届冬季奥林匹克运动会的举办权，至此冬奥会申办工作画上圆满句号。在随后由张家口市委、市政府组织召开的申办 2022 年冬奥会工作总结大会上，亿利集团凭借其一年多来在张家口冬奥会绿化工程上的抢眼表现，配合项目区所在地政府出色地完成了冬奥会"迎评"等一系列申奥节点工作，荣获由河北省申奥工作领导小组颁发的"为成功申办 2022 年冬奥会做出突出贡献"荣誉称号。

在此基础上，亿利集团联合浙江正泰集团等 10 余家国内大型企业参与设立的绿丝路基金，投资 20 亿元，采取"生态光伏修复废弃工矿 + 光伏农业 + 光伏林业"的全新模式，为 2022 年第 24 届冬季奥林匹克运动会实现"绿色奥运、低碳奥运"而打造了一条集景观、产业、文化于一体的多功能、高水平、世界级生态景观通道。在后续的奥运迎宾光伏廊道首批 500 MWp 并网补贴计划中获批补贴指标近 50%（240 MWp）。目前项目已基本建成并按时并网发电。与此同时，亿利集团与张家口市张北县政府签署生态产业扶贫框架协议，在张北县小二台镇德胜村垫资建设的集中式光伏扶贫电站功率达 50 000 kW，可实现每人每年从发电中获得 3 000 元收益、持续 20 年、精准脱贫 2 000 人。

第四节　新疆阿拉尔治沙、苦咸水治理生态工程

亿利南疆沙漠生态治理试验示范项目实施 4 年来，在集团公司、生态股份、沙漠生态事业部的重视、关心和支持下，在南疆塔漠首创了"以光发电、以电治水、以水改土、以土促产、以产扶贫"的沙漠治理及沙产业发展模式。

一、合作背景

2013 年 10 月 15 日，全国政协主席俞正声在调研了解亿利"库布其模式"后，做出了"鼓励亿利集团进入新疆开展治沙试验"的重要批示。为落实俞正声批示，兵团一师阿拉尔市、亿利集团互派考察团进行了实地考察，并签订了一系列战略合作框架协议和备忘录。协议约定由阿拉尔市和亿利集团组建合资公司，由合资公司牵头实施沙漠生态治理、排盐碱渠系的劣等水淡化处理工程、有机农产品现代物流中心建设等任务，同时，在平等公允的前提下合资公司可以参与阿拉尔市以及各团场的生态修复、河道治理等市政工程和生态城镇建设任务。

在此基础上，双方本着合作共赢的原则，开展了如下工作：一是 2014 年 6 月，合资注册了亿利阿拉尔生态科技有限公司；二是按照协议约定亿利集团带着资金、技术和种子，派驻了 30 余名管理和技术精英；三是研发人员发扬守望相助、百折不挠、开拓创新、绿色共享的企业精神，背井离乡、兢兢业业，在塔克拉玛干沙漠坚持、坚守了 4 度春秋，创新实施了沙漠生

态治理与苦咸水利用综合试验示范项目，并取得了阶段性成果。

二、基本情况介绍

按照双方合作框架协议精神，2014—2017 年，项目公司建设完成约 53 hm² 耐旱耐盐碱沙生植物种质资源圃、约 1 053 hm² 沙生经济植物种苗基地及种植示范区、1 900 hm² 林草药材复合生态治理试验示范区等生态工程；建成了年产 350 万 m³ 苦咸水综合治理中心，以及配套 1.4 MWp 分布式光伏发电站等项目；在苦咸水综合治理利用、荒漠化、盐碱化土地改良等关键技术集成等方面取得了突破性进展，截至目前，累计完成投资超过 2 亿元。

三、项目完成情况

约 53 hm² 沙生植物种质资源圃成功引种库布其沙漠耐寒、耐旱、耐盐碱种质资源。项目共引种三耐植物 18 种，成功 10 种。特别是首次引种的大白柠条、羊柴、花棒、乌拉尔甘草、紫穗槐等物种，长势良好，成活率在 80% 左右。

林、草、药材复合生态种植区遵循近自然造林的原则，采用了"低压水冲法""半野生化种植法""迎风坡造林法"等技术，在迎风坡中下部进行复合生态区建设和造林技术的综合应用，将项目区种植工效提高 14 倍，种植成活率提高 50% 以上，植被覆盖率由原来的不足 5% 提高到 55%～60%，风沙活动减弱，形成了林、草、药生物系统良性互动。

用工业化手段解决苦咸水淡化、净化问题，同时解决农业生产和生态建设的灌溉用水问题，将矿化度为 7～11 g/L 的苦咸水淡化至矿化度为 0.6 g/L，淡化水产量达到 244 m³/h，回收率达到 70%～75%。通过接入光伏发电，调整系统运行参数，成本有望降低至 0.98～1.11 元/吨。

第九章
国家级重点保护植物

国家级保护物种，依据国家环保局（现生态环境部）公布的《中国珍稀濒危保护植物名录》（1984年）中于鄂尔多斯地区分布的物种，依据国家林业局（现国家林业和草原局）和农业部联合发布的《中国国家重点保护野生植物名录》（1999年）（第一批）以及即将发布的《国家重点保护野生植物名录》（第二批）中于鄂尔多斯地区分布的物种，依据国务院发布的《国家重点保护野生药材物种名录》（1987年）中于鄂尔多斯地区分布的物种予以确定。

1. 草麻黄

学名：*Ephedra sinica* Stapf

别名：麻黄

科属：麻黄科 麻黄属

形态特征：草本状灌木，高达 20~40 cm。由基部多分枝，丛生；木质茎短或呈匍匐状，小枝直立或稍弯曲，具细纵槽纹，触之有粗糙感。雄球花为复穗状；雌球花单生，顶生于当年生枝，腋生于老枝，雌雄异株；雌球花成熟时苞片肉质，红色。种子通常 2 粒。花期为 5—6 月份，种子于 8—9 月份成熟。

生境分布：旱生植物。生于丘陵坡地、平原、沙地，为石质和沙质草原的伴生种，于局部地段可形成群聚。在鄂尔多斯市见于乌审旗、鄂托克前旗、杭锦旗、伊金霍洛旗、达拉特旗、准格尔旗等。

保护级别：国家二级重点保护植物。

经济价值：茎入药，能发汗、散寒、平喘、利尿，主治风寒感冒、喘咳、哮喘、支气管炎、水肿。根入药，能止汗，主治自汗、盗汗。茎也入蒙药，能发汗、清肝、化痞、消肿、治伤、止血，主治黄疸性肝炎、创伤子宫出血、吐血、便血、咯血、烦热、劳热、内伤。可做饲草，属于劣等饲用植物。在冬季，羊和骆驼喜食其干草。

草麻黄

2. 木贼麻黄

学名：*Ephedra major* Host

别名：山麻黄

科属：麻黄科 麻黄属

木贼麻黄

形态特征：直立灌木，高达 1 m。木质茎粗长，直立或部分呈匍匐状，灰褐色，节间长 1.5~3 cm。叶 2 裂，裂片呈短三角形。雄球花为穗状，1~3（4）集生于节上，近无梗，卵圆形；雌球花常 2 个对生于节上，长卵圆形，雌花 1~2 朵。雌球花成熟时苞片肉质。种子常为 1 粒，棕褐色，长卵圆形。花期为 5—6 月份，种子于 8—9 月份成熟。

生境分布：旱生植物。生于干旱与半干旱地区的山顶、山谷，沙地及石砬子上。多见于鄂尔多斯市的毛乌素沙地、鄂托克旗（桌子山）、准格尔旗（阿贵庙）、杭锦旗（东部）、乌审旗、鄂托克前旗（珠和）。

保护级别：国家二级重点保护植物。

经济价值：茎入药，也入蒙药，功能主治同草麻黄；全株可做固沙造林的灌木树种。可做饲草，属于劣等饲用植物。

3. 中麻黄

学名：*Ephedra intermedia* Schrenk ex C. A. Mey.

科属：麻黄科 麻黄属

形态特征：灌木，高 20~50（100）cm。木质茎短粗，呈灰黄褐色，直立或匍匐斜上，基部多分枝，茎皮干裂后呈细纵纤维状；小枝直立或稍弯曲，为灰绿色或淡灰绿色，具细浅纵槽纹，槽上具白色小瘤状突起，触之有粗糙感。雄球花常数个（稀 2~3）密集于节上成团状，几无梗；雌球花 2~3 生于节上，具短梗。雌球花成熟时苞片肉质，红色，呈椭圆形、卵圆形或矩圆状卵圆形。种子通常 3（稀 2）粒。花期为 5—6 月份，种子于 7—8月份成熟。

中麻黄

生境分布：旱生植物。抗旱性强，生于干旱与半干旱地区的沙地、山坡及草地上。在鄂尔多斯市见于毛乌素沙地。

保护级别：国家二级重点保护植物。

经济价值：全草含有生物碱，茎和根入药，草质茎入蒙药，功能主治同草麻黄；肉质苞片可食；全株也可用于固沙造林。属于低等饲用植物。

4. 胡杨

学名：*Populus euphratica* Oliv.

别名：胡桐 异叶杨

科属：杨柳科 杨属

胡杨

形态特征：乔木，高达30 m。树皮呈淡黄色，基部条裂；小枝呈淡灰褐色，无毛或有短绒毛。叶形多变化，苗期和萌条叶呈披针形；成年树上的叶呈卵圆形或三角状卵圆形；雄花序长1.5~2.5 cm，雌花序长3~5 cm。果穗长6~10 cm；蒴果呈长椭圆形，长约1.5 cm，2瓣裂。花期为5月份，果期为7—8月份。

生境分布：潜水中旱生—中生植物。喜生于盐碱土壤，为吸盐植物。主要生于荒漠区的河流沿岸及盐碱湖。为荒漠区河岸林建群种。在鄂尔多斯市见于杭锦旗、达拉特旗（沿河）、乌审旗（纳林河）。

保护级别：国家二级重点保护植物。

经济价值：树脂（胡桐碱）可入药，能清热、解毒、抑酸、止痛，主治牙痛、咽喉肿痛等。木材可用于做农具、家具，也可供建筑及造纸用。胡杨碱含盐量为 56% ~ 71%，可食用及做工业原料，又可用于治牲畜疾病。枝叶可供骆驼及羊食用。胡杨是我国西北荒漠、半荒漠地区的主要造林树种。

5. 沙拐枣

学名：*Calligonum mongolicum* Turcz.

别名：头发草

科属：蓼科 沙拐枣属

形态特征：植株高 30~150 cm。分枝呈"之"字形弯曲，老枝呈灰白色，当年枝为绿色。叶细鳞片状。花为淡红色，通常 2~3 朵簇生于叶腋。瘦果呈椭圆形，直或稍扭转。花期为 5—7 月份，果期为 8 月份。

生境分布：沙生强旱生灌木。广泛生长于荒漠地带和荒漠草原地带的流动、半流动沙地，覆沙戈壁、沙质或沙砾质坡地和干河床上。为沙质荒漠地区的重要建群种，也经常散生或群生于蒿类群落和梭梭荒漠中，为常见伴生种。在鄂尔多斯市见于鄂托克旗（阿尔巴斯、碱柜）、杭锦旗（西部）。

保护级别：国家二级重点保护植物。

经济价值：可做固沙植物。属于优等饲用植物，骆驼于夏、秋季喜食其枝叶，冬、春季采食较少，绵羊、山羊于夏、秋季喜采食其嫩枝及果实。根及带果全株入药，治小便混浊、皮肤皲裂。

沙拐枣

6. 梭梭

学名：*Haloxylon ammodendron*（C. A. Mey.）Bunge

别名：琐琐 梭梭柴

科属：藜科 梭梭属

形态特征：小乔木，有时呈灌木状，高 1~4 m。树皮呈灰白色，二年生枝呈灰褐色，有环状裂缝；当年生枝细长，蓝色。叶鳞片状，宽三角形。花单生于叶腋。胞果呈半圆球形，顶部稍凹，果皮呈黄褐色，肉质；种子呈扁圆形，直径为 2.5 mm。花期为 7 月份，果期为 9 月份。

生境分布：强旱生盐生植物。生于荒漠地区的湖盆低地外缘的固定、半固定沙丘沙砾质沙地、沙石戈壁以及干河床，为盐湿荒漠地区的重要建群种。在鄂尔多斯市见于杭锦旗库布其沙漠西段。

梭梭

保护级别：国家二级重点保护植物。

经济价值：固沙的优良树种，肉苁蓉的寄主，荒漠地区的优等饲用植物。骆驼在冬、春、秋季均喜食，春末和夏季因贪食其嫩枝，会出现肚胀、腹泻症状；羊也拣食其落在地上的嫩枝和果实；其他家畜常不食。木材可用于建筑。

7. 华北驼绒藜

学名：*Krascheninnikovia arborescens*

别名：驼绒蒿

科属：苋科 驼绒藜属

华北驼绒藜

形态特征：植株高 1 ~ 2 m，分枝多集中于上部，较长。叶较大，具柄短，叶片呈披针形或矩圆状披针形。雄花序细长而柔软；雌花管呈倒卵形。胞果呈椭圆形或倒卵形，被毛。花果期为 7 月份至来年 5 月份。

生境分布：旱生半灌木。散生于草原区和森林草原区的干燥山坡、固定沙地、旱谷和干河床，为山地草原和沙地植被的伴生成分和亚优势成分。在鄂尔多斯市见于鄂托克旗（西北部）、杭锦旗（西部）、伊金霍洛旗。

保护级别：国家二级重点保护植物。

经济价值：当年枝及叶片为各类家畜喜食，在干旱地区颇有引种栽培的前途。

8. 萍蓬草

学名：*Nuphar pumila*（Timm）DC.

别名：萍蓬莲 黄金莲

科属：睡莲科 萍蓬草属

萍蓬草

形态特征：多年生水生草本植物；根状茎横生，肥厚肉质；叶生于根状茎先端，漂浮水面，叶片呈椭圆形或卵形。浆果卵形；种子多数，呈矩圆形。花期为7—8月份，果期为8—9月份。

生境分布：水生植物，生于湖沼中。原产于呼伦贝尔市，分布于我国东北、华北、华东、广东等地区。在鄂尔多斯市见于伊金霍洛旗纳林塔。

保护级别：国家二级重点保护植物。

经济价值：根状茎可食用；花可供观赏；种子和根入药，能滋补肝肾、健脾、调经，主治体虚衰弱、消化不良、月经不调，还可用于辅助治疗神经衰弱、刀伤等。

9.斧翅沙芥

学名：*Pugionium dolabratum* Maxim.

别名：绵羊沙芥

科属：十字花科 沙芥属

斧翅沙芥

形态特征：一年生草本植物。植株具强烈的芥菜辣味，全株呈球形，高 60~100 cm，植丛的直径为 50~100 cm。直根呈圆柱状。茎直立，呈圆柱形；分枝极多，开展。叶肉质，基生叶与茎下部叶轮廓为矩圆形或椭圆形，不规则二回羽状深裂至全裂，最终裂片呈条形至披针形；基生叶具长叶柄。总状花序生于小枝顶端，花瓣呈淡紫色。短角果两侧的宽翅多数呈矩圆形。花果期为 6—8 月份。

生境分布：沙生植物。生于草原、荒漠草原及草原化荒漠地带的半固定沙地。在鄂尔多斯市见于库布其沙漠、毛乌素沙地、鄂托克旗查布。

保护级别：国家二级重点保护植物。

　　经济价值：固沙植物。种子含油。嫩叶可做蔬菜或饲料，产区居民将其种于菜园做蔬菜用。全草及根入药，全草有行气、止痛、消食、解毒之功效，主治消化不良、胸胁胀满、食物中毒；根能止咳、清肺热，主治气管炎。根入蒙药，能解毒、消食，主治头痛、关节痛、上吐下泻、胃脘胀痛、心烦意乱、视力不清、肉食中毒。牛、羊喜食，属于中等饲用植物。

10. 小丛红景天

学名：*Rhodiola dumulosa*（Franch.）S. H. Fu

别名：凤尾七 凤凰草

科属：景天科 红景天属

小丛红景天

形态特征：多年生草本，高 5～15 cm。主轴粗壮，多分枝，地上部分常有残存的老枝。一年生花枝簇生于主轴顶端，直立或斜生，基部常为褐色鳞片状叶所包被。叶互生，条形，全缘，绿色。花序顶生；花瓣呈白色或淡红色。蓇葖果直立或上部稍开展；种子少，呈褐色。花期为 7—8 月份，果期为 9—10 月份。

生境分布：中旱生肉质草本。生长于山地阳坡及山脊的岩石裂缝中。在鄂尔多斯市见于鄂托克旗的阿尔巴斯。

保护级别：国家二级重点保护植物。

经济价值：全草入药，能养心安神、滋阴补肾、明目，主治虚损、劳伤、月经不调等。根入蒙药，能清热、滋补肾阴、润肺，主治肺热咳嗽、气喘、感冒发热。

11. 绵刺

学名：*Potaninia mongolica* Maxim.

别名：蒙古包大宁

科属：蔷薇科 绵刺属

绵刺

形态特征：属于倾卧地面的小灌木，高 20～40 cm，多分枝，树皮呈棕褐色，纵向剥裂；小枝为苍白色，密生宿存的老叶柄与长柔毛。叶多簇生于短枝上或互生，羽状三出复叶。花小，单生于短枝上；花瓣为卵形，淡红色。瘦果为长圆形，长约 2 cm。

生境分布：强旱生的小灌木，不但极耐旱，而且极耐盐碱，根系常伸入灰棕荒漠土的石膏层中。生于戈壁和覆沙砾石质平原，亦见于山前冲积扇处，常形成大面积的荒漠群落。在鄂尔多斯市见于杭锦旗西部、鄂托克旗阿尔巴斯、碱柜。

保护级别：国家二级重点保护植物。

经济价值：属于中等饲用植物。青鲜时骆驼最喜食，羊、马、驴也喜食，叶枯黄时期家畜不食。在荒漠地区，尤其是干旱时期，它有一定的饲用价值。

12. 蒙古扁桃

学名：*Prunus mongolica* Maxim.

别名：山樱桃 乌兰 – 布衣勒斯

科属：蔷薇科 李属

蒙古扁桃

形态特征：灌木，高 1~1.5 m。多分枝，枝条呈近直角形展开，小枝顶端转变成长枝刺；树皮呈暗红紫色或灰褐色，常有光泽；嫩枝常呈红色，被短柔毛。单叶，小形，多簇生于短枝或互生于长枝上，叶片呈倒卵形、椭圆形或近圆形。花单生短枝上，花梗极短；花瓣为淡红色。核果呈宽卵形，稍扁，顶端尖，被毡毛；果肉薄，干燥，离核；果核为扁宽卵形，有浅沟，种子（核仁）呈扁宽卵形，淡棕褐色。花期为 5 月份，果期为 8 月份。

生境分布：旱生灌木。生于荒漠区的山地、丘陵、石质坡地及干河床，且为这些地区的景观植物。在鄂尔多斯市见于鄂托克旗阿尔巴斯、桌子山、棋盘井、乌兰镇，鄂托克前旗，杭锦旗特拉沟、赛乌素，达拉特旗库布其沙漠。

保护级别：国家二级重点保护植物。

经济价值：种仁可代替"郁李仁"入药；叶和果可做羊饲料，属于低等饲用植物；果仁可用于制作饮料。

13. 银露梅

学名：*Potentilla glabra* Lodd.

别名：银老梅 白花棍儿茶

科属：蔷薇科 委陵菜属

银露梅

形态特征：小灌木，多分枝。单数羽状复叶，小叶 3~5 枚，近革质，呈椭圆形、矩圆形或倒披针形，边缘向下反卷。花常单生于叶腋或数朵形成伞状花序，花瓣为白色。瘦果近卵形。花期为 6—8 月份，果期为 8—10 月份。

生境分布：耐寒的中生灌木。为山地河谷沼泽灌丛的建群种或伴生种，也常散生于落叶松林及云杉林下的灌木层中。在鄂尔多斯市见于毛乌素沙地，鄂托克旗棋盘井、桌子山。

保护级别：国家二级重点保护植物。

经济价值：庭院观赏灌木。花、叶入药，能健脾化湿、清暑、调经，主治消化不良、中暑、月经不调。花入蒙药，可润肺、消食、消肿，主治乳腺炎、消化不良、咳嗽。嫩叶可代茶用。属于中等饲用植物，春季山羊、骆驼喜食其嫩枝，绵羊也采食一些。

14. 沙冬青

学名：*Ammopiptanthus mongolicus*（Maxim. ex Kom.）S. H. Cheng

别名：蒙古黄花木

科属：豆科 沙冬青属

沙冬青

形态特征：常绿灌木，高 1.5~2 m，多分枝。树皮呈黄色。枝粗壮，呈灰黄色或黄绿色，幼枝密被灰白色平伏绢毛。叶为掌状三出复叶，少有单叶；小叶为菱状椭圆形或卵形，全缘，两面密被银灰色毡毛。总状花序顶生；花冠为黄色。荚果扁平，矩圆形，顶端有短尖，含种子 2~5 颗，种子为球状肾形。花期为 4—5 月份，果期为 5—6 月份。

生境分布：强旱生常绿灌木。沙质及沙砾质荒漠的建群植物。在亚洲中部的旱生植物区系中，它是古老的第三纪残遗种，不仅有重要的资源价值，而且有很重大的科学意义，因此应切实注意保护。在鄂尔多斯市见于杭锦旗中西部，鄂托克旗查布、阿尔巴斯、碱柜，鄂托克前旗哈图。

保护级别：国家二级重点保护植物。

经济价值：可做固沙植物。枝、叶入药，能祛风、活血、止痛，外用主治冻疮、慢性风湿性关节炎。为有毒植物，绵羊、山羊偶尔采食其花可致醉状，采食过多可致死。

15. 野大豆

学名：*Glycine soja* Siebold et Zucc.

别名：乌豆

科属：豆科 大豆属

形态特征：一年生草本植物。茎缠绕，细弱，疏生黄色长硬毛。叶为羽状三出复叶；小叶呈卵形、卵状椭圆形或卵状披针形，全缘。总状花序腋生，花小，淡紫红色。荚果呈矩圆形或稍弯呈近镰刀形，两侧稍扁，密被黄褐色长硬毛，种子间稍缢缩，含种子 2~4 颗；种子呈椭圆形，稍扁，黑色。果期为 8 月份。

植株

花

野大豆

生境分布：中生植物，喜湿润。生长于河岸、灌丛、山地或田野。在鄂尔多斯市见于伊金霍洛旗、杭锦旗、乌审旗。

保护级别：国家二级重点保护植物。

经济价值：种子可食，又可入药，有强肾利尿、平肝敛汗的作用。青鲜时各种家畜均喜食，可选为短期放牧及混播用牧草。

16. 黄耆

学名：*Astragalus penduliflorus* subsp. *mongholicus* var. *dahuricus*（ Fisch. ex DC.）X. Y. Zhu

别名：膜荚黄耆

科属：豆科 黄耆属

黄耆

形态特征：多年生草本植物，高 50~100 cm。主根粗而长，呈圆柱形，稍带木质，外皮呈淡棕黄色至深棕色。茎直立，上部多分枝，有细棱。单数羽状复叶，互生。总状花序于枝顶部腋生，花较稀疏，呈黄色或淡黄色。荚果呈半椭圆形，一侧边缘呈弓形弯曲，膜质，稍膨胀，顶端有短喙，基部有长柄，伏生黑色短柔毛；种子为肾形，棕褐色。花期为 6—8 月份，果期为（7）8—9 月份。

生境分布：森林草甸中生植物。在森林区、森林草原和草原带的林间草甸中为稀见的伴生杂类草，零星渗入林缘灌丛及草甸草原群落。见于鄂尔多斯市东部。

保护级别：国家二级重点保护植物。

经济价值：根入药，能补气、固表、托疮生肌、利尿消肿，主治体虚自汗、久泻脱肛、子宫脱垂、体虚浮肿、疮疡溃不收口等。根也入蒙药，能止血、治伤，主治金伤、内伤、跌打肿痛。并可做兽药，治风湿。根茎之10倍水浸液对马铃薯晚疫病菌有抑制作用。牛、羊、驴均采食，属于中等饲用植物。

17. 乌拉甘草

学名：*Glycyrrhiza uralensis* Fisch. ex DC.

别名：甘草 甜草根

科属：豆科 甘草属

乌拉甘草

　　形态特征：多年生草本植物，高 30~70 cm。具粗壮的根茎，常由根茎向四周生出地下匍枝，主根呈圆柱形，粗而长，根皮为红褐色至暗褐色，有不规则的纵皱及沟纹，横断面内部呈淡黄色或黄色，有甜味。茎直立，密被白色短毛及鳞片状、点状或小刺状腺体。单数羽状复叶，小叶呈卵形、倒卵形、近圆形或椭圆形，全缘，两面密被短毛及腺体。总状花序腋生，花为淡蓝紫色或紫红色；花萼为筒状，密被短毛及腺点。荚果为条状矩圆形、镰刀形或弯曲成环状，密被短毛及褐色刺状腺体；种子呈扁圆形或肾形，黑色，光滑。花期为 6—7 月份，果期为 7—9 月份。

生境分布：中旱生植物。生于碱化沙地、沙质草原，具沙质土的田边、路旁，低地边缘及河岸轻度碱化的草甸。生态幅度较广，在荒漠草原、草原、森林草原以及落叶阔叶林地带均有生长。可见于整个鄂尔多斯市。

保护级别：国家二级重点保护植物。

经济价值：根入药，能清热解毒、润肺止咳、调和诸药等，主治咽喉肿痛、咳嗽、脾胃虚弱、胃及十二指肠溃疡、肝炎、癔症、痈疖肿毒、药物及食物中毒等。根及根茎入蒙药，能润肺止咳、滋补肝肾、止吐、止渴、解毒，主治肺结核、肺热咳嗽、吐血、各种中毒、"白脉"病、咽喉肿痛、血液病。在食品工业上可做啤酒的泡沫剂或酱油、蜜饯果品的香料剂。属于良等饲用植物，谢蕾前骆驼喜食，绵羊、山羊亦采食。渐干后各种家畜均采食。

18. 四合木

学名：*Tetraena mongolica* Maxim.

别名：油柴

科属：蒺藜科 四合木属

四合木

形态特征：落叶小灌木，高可达 90 cm。老枝呈红褐色，稍有光泽或有短柔毛；小枝呈灰黄色或黄褐色，密被白色稍开展的不规则的丁字毛，节短明显。偶数羽状复叶，在长枝上对生，在短枝上簇生，小叶 2 枚，肉质，呈倒披针形，全缘，黄绿色，两面密被不规则的丁字毛。花 1~2 朵着生于短枝上；花瓣白色具爪，瓣片呈椭圆形或近圆形。果常下垂，具 4 个不开裂的分果瓣；种子为镰状披针形，表面密被褐色颗粒。

生境分布：强旱生植物。是内蒙古仅有的一个属，亦属于蒙古高原、中亚荒漠的特征属之一，属于古地中海南岸区系成分的孑遗种。在草原化荒漠地区，常成为建群种，形成有小针茅参加的四合木荒漠群落。在鄂尔多斯市见于杭锦旗西部、鄂托克旗北部、西鄂尔多斯自然保护区。

保护级别：国家二级重点保护植物。

经济价值：枝含油脂，极易燃烧，为优良燃料；骆驼采食，属于低等饲用植物。有阻挡风沙的作用。

19. 鄂尔多斯半日花

学名：*Helianthemum ordosicum* Y. Z. Zhao，Zong Y. Zhu et R. Cao

科属：半日花科 半日花属

鄂尔多斯半日花

形态特征：矮小灌木，高 5～12 cm，多分枝，稍呈垫状。老枝呈褐色或灰褐色，小枝对生或近对生，先端常尖锐成刺状。单叶对生，呈披针形或狭卵形，两面被白色棉毛。花单生于枝顶，被白色长柔毛，黄色。蒴果呈卵形，被短柔毛。种子呈卵形。

生境分布：强旱生植物，为古老的残遗种。生于草原化荒漠区的石质和砾石质山坡。在鄂尔多斯市见于鄂托克旗棋盘井、阿尔巴斯、千里山。

保护级别：国家二级重点保护植物。

经济价值：地上部分含红色物质，可做红色染料。食口性良好，骆驼喜食，羊采食其叶、花，属于中等饲用植物。

20. 肉苁蓉

学名：*Cistanche deserticola* Ma

别名：苁蓉 大芸

科属：列当科 肉苁蓉属

肉苁蓉

形态特征：多年生草本。茎肉质，有时从基部分为 2 或 3 枝，圆柱形或下部稍扁，高 40~160（200）cm，下部较粗，向上逐渐变细，下部直径为 5~10（15）cm，上部为 2~5 cm。鳞片状叶多数，呈淡黄白色。穗状花序，长 15~50 cm。苞片呈条状披针形，或卵状披针形，长 2~4 cm，宽 5~8 mm，被疏棉毛或近无毛。花萼为钟状，5 浅裂。花冠呈管状钟形，管内面离轴方向有 2 条纵向的鲜黄色凸起；裂片 5；花冠管淡黄白色，裂片颜色常有变异，淡黄白色、淡紫色或边缘淡紫色，干时常变为棕褐色；花药顶端有骤尖头，被皱曲长柔毛。子房为椭圆形，白色，基部有黄色蜜腺；花柱顶端内折；柱头近球形。蒴果为卵形，2 瓣裂，褐色；种子多数，微小，椭圆状卵形或椭圆形，长 0.6~1 mm，表面网状，有光泽。花期为 5—6 月份，果期为 6—7 月份。

生境分布：根寄生植物，寄主梭梭，生于梭梭漠中。在鄂尔多斯市见于杭锦旗呼和木独镇、哈正扎格。

保护级别：国家二级重点保护植物。

经济价值：肉质茎入药，能补精血、益肾壮阳、润肠，主治虚劳内伤、滑精、阳痿、不孕、腰膝冷痛、肠燥便秘。也做蒙药用，能补肾消食，主治消化不良、胃酸过多、腰腿痛。

21. 内蒙野丁香

学名：*Leptodermis ordosica* H. C. Fu et E. W. Ma

科属：茜草科 野丁香属

内蒙野丁香

形态特征：小灌木，高 20~40 cm。多分枝，开展，老枝为暗灰色，具细裂纹，小枝较细，呈灰色或灰黄色，密被乳头状微毛。叶对生或假轮生，呈椭圆形、宽椭圆形以至狭长椭圆形，长 3~10 mm，宽 2~5 mm，先端锐尖或稍钝，基部渐狭或宽楔形，全缘，常反卷，上面为绿色，下面为淡绿色，中脉隆起，侧脉极不明显，近无毛；叶柄短，长约 1 mm，密被乳头状微毛；托叶呈三角状卵形或卵状披针形，先端渐尖，边缘有或无小齿，具缘毛，较叶柄稍长。花近无梗，1~3 朵簇生于叶腋或枝顶；小苞片 2 枚，长 3~4 mm，通常在中部合生，多数呈二唇形，膜质，透明，具脉，先端尾状渐尖，边缘疏生睫毛，外面散生白色短条纹；花萼长约 2 mm，萼筒呈倒卵形，裂片 4~5，比萼筒稍短，矩圆状披针形，先端锐尖，有睫毛；花冠呈长漏斗状，紫红色，长约 14 mm，外面密被乳头状微毛，里面被疏柔毛，裂片 4~5，呈卵状披针形，长约 3 mm；雄蕊 4~5；柱头 3，条形。蒴果为椭圆形，长 2~3.5 mm，黑褐色，有宿存，具睫毛的萼裂片，外托以宿存的小苞片；种子呈矩圆状倒卵形，长约 1 mm，黑色，外包以网状的果皮内壁。花果期为 7—8 月份。

生境分布：旱生小灌木。生于山坡岩石裂缝间。在鄂尔多斯市见于鄂托克旗阿尔巴斯苏木、桌子山。

保护级别：国家二级重点保护植物。

经济价值：具有一定的观赏价值。

22. 蝟实

学名：*Kolkwitzia amabilis* Graebn.

科属：忍冬科 蝟实属

形态特征：落叶灌木，高达 3 m。老枝皮剥落，幼枝被柔毛。单叶，呈椭圆形至卵状椭圆形，近全缘或具疏浅锯齿。伞房状圆锥聚伞花序，生于侧枝顶端。每一聚伞花序具 2 花，2 花的萼筒下部合生。花冠呈筒状钟形，裂片 5，粉红色至紫色，其中 2 片稍短而宽。雄蕊内藏，两长两短，蒴果 2 个合生，其一有时不发育，外被刺刚毛，形如刺猬，顶部宿存萼裂片。花期为 4—5 月份，果期为 6—8 月份。

生境分布：中生落叶灌木。生于丘陵灌丛中。分布于阴山南部黄土丘陵区的鄂尔多斯市准格尔旗马栅乡。

保护级别：国家二级重点保护植物。

经济价值：具有较高的观赏价值。

蝟实

23. 内蒙亚菊

学名：*Ajania alabasica* H. C. Fu in Ma

科属：菊科 亚菊属

形态特征：小半灌木，高 15～30 cm。根木质，粗壮，扭曲，直径 5～10 mm。老枝呈褐色或灰褐色，木质，枝皮纵裂，由老枝上发出多个短缩的不育枝和细长的花枝，全部花枝与不育枝密被白色绢毛，后脱落无毛。下部叶与中部叶呈匙形或扇形，3 深裂或 3 全裂，有时二回羽状全裂，一回侧裂片 1 对，顶裂片与侧裂片全缘，或有 1 对小裂片，或仅 1 侧有 1 小裂片，裂片及小裂片呈条形、矩圆状条形、披针形或长卵形，宽 1～1.5 mm，先端锐尖或钝；上部叶 3 裂或不分裂，全部叶为灰白色，两面密被绢毛。头状花序单生于枝端。总苞钟状，总苞片 4～5 层，外层者呈菱状卵形，中内层者呈宽椭圆形，中外层者外面密被或疏被绢毛，全部总苞片边缘为褐色宽膜质。边缘雌花 5 个，花冠为细管状，长 2.5 mm，顶端 4 齿裂；两性花冠为管状，长约 3 mm；全部花冠为黄色，外面有腺点。瘦果为楔形，长约 1 mm，淡褐色。花果期为 7—10 月份。

内蒙亚菊

生境分布：强旱生小半灌木。生于草原化荒漠地带的山地石质山坡，为伴生种。在鄂尔多斯市见于鄂托克旗阿尔巴斯苏木、桌子山。

保护级别：国家二级重点保护植物。

经济价值：骆驼和羊喜食，属于中等饲用植物。

24. 革苞菊

学名：*Tugarinovia mongolica* lljin

科属：菊科 革苞菊属

形态特征：多年生低矮草本，植株有胶黏液汁。根粗壮，根颈部包被多数棉毛状叶柄残余纤维，常呈簇团状，直径可达 6~7 cm。茎基被污白色厚棉毛。花茎长 2~4 cm，不分枝，柔弱，径约 2 mm，具纵沟棱，密被白色绵毛，无叶。叶基生，多数生于茎基上成莲座状叶丛，长 3~15 cm，宽 1~4 cm，叶片革质，呈长椭圆形或矩圆形，羽状深裂或全裂，稀羽状浅裂，裂片宽短而皱曲，具不规则的浅牙齿，齿端有长 2~4 mm 的硬刺，两面被疏或密的蛛丝状毛或绵毛，下面中脉稍凸起，具长柄，基部稍扩大，有毛；内层叶较狭窄。头状花序单生于茎顶，下垂或直立。雌雄异株。雄头状花序较小，有多数同形的两性花，不结实；总苞呈倒圆锥形或基部稍宽，总苞片 3~4 层，被蛛丝状毛；小花花冠呈管状，白色，5 裂；花药粉红色或淡紫色，上端尖，基部有丝状全缘的长尾。雌头状花序较大，有多数同形的退化两性花 (即雌花)，结实；总苞呈钟状或宽钟状，长 2.5~2.8 cm，宽 8~15 mm，总苞片 4 层，最外层者由具浅齿的苞叶组成，绿色，外层者较短，绿褐色，内层者较长，呈倒披针形，边缘宽膜质，背部中间成褐绿色纵带；小花花冠管状，白色，5 齿裂，裂片为披针形；有退化雄蕊 5，分离；花柱顶端膨大成棍棒状。瘦果呈矩圆形，基部狭窄，密被绢质长柔毛；冠毛多层，淡褐色。花果期为 5—6 月份。

生境分布：强旱生植物。为亚洲中部荒漠草原地带、荒漠地带和蒙古高原植物区系的特有种及单种属植物，对研究亚洲中部植物的起源、演化和区系特点有重要的科学价值。多生长在石质丘陵顶部或沙砾质坡地，局部可形成小群聚。在鄂尔多斯市见于鄂托克旗桌子山、西鄂尔多斯自然保护区。

保护级别：国家二级重点保护植物。

经济价值：在春季，羊、骆驼喜食，属于低等饲用植物。

革苞菊

25. 沙芦草

学名：*Agropyron mongolicum* Keng

科属：禾本科 冰草属

形态特征：多年生草本植物。疏丛，基部节常膝曲，高 25~58 cm。叶鞘紧密裹茎，无毛；叶舌截平，具小纤毛，长约 0.5 mm；叶片常内卷成针状，长 5~15 cm，宽 1.5~3.5 mm，光滑无毛。穗状花序长 5.5~8 cm，宽 4~6 mm，穗轴节间长 3~5（10）mm，光滑或生微毛；小穗疏松排列，向上斜升，长 5.5~9 mm，含（2）3~8 朵小花，小穗轴无毛或有微毛；颖两侧常不对称，具 3~5 脉，第一颖长 3~4 mm，第二颖长 4~6 mm；外稃无毛或具微毛，边缘膜质，先端具短芒尖，长 1~1.5 mm，第一外稃长 5~8 mm(连同短芒尖在内)；内稃略短于外稃或与之等长或略超出，脊具短纤毛，脊间无毛或先端具微毛。花果期为 7—9 月份。

沙芦草

生境分布：生于干燥草原、沙地、石砾质地。在鄂尔多斯市见于准格尔旗、杭锦旗、伊金霍洛旗。

保护级别：国家二级重点保护植物。

经济价值：根入蒙药，能止血、利尿。沙芦草是一种极耐旱和抗风寒的丛生草种，经引种试验，越冬情况良好。马、牛、羊均喜食，属于优等饲用植物。

26. 毛沙芦草（变种）

学名：*Agropyron mongolicum var. villosum* H. L. Yang

科属：禾本科 冰草属

毛沙芦草

形态特征：本变种与正种的主要区别在于：颖及外稃均显著密被长柔毛，颖先端具短芒，长可达 2 mm。花果期为 7—9 月份。

生境分布：生于沙地。在鄂尔多斯市见于伊金霍洛旗。

保护级别：国家二级重点保护植物。

经济价值：各种家畜均喜食，属于优等饲用植物。

27. 绥草

学名：*Spiranthes sinensis*（Pers.）Ames

科属：兰科 绥草属

绥草

形态特征：多年生草本植物。植株高 15~40 cm。根数条簇生，呈指状，肉质。茎直立，纤细，上部具苞片状小叶，苞片状小叶先端长渐尖；近基部生叶 3~5 片，叶条状披针形或条形，长 2~12 cm，宽 2~8 mm，先端钝、急尖或近渐尖；总状花序具多数密生的花，似穗状，长 2~11 cm，直径为 0.5~1 cm，螺旋状扭曲，花序轴被腺毛；花苞片呈卵形；花小，淡红色、紫红色或粉色；中萼片呈狭椭圆形或卵状披针形，长约 5 mm，宽约 1.5 mm，先端钝，具 1~3 脉；侧萼片呈披针形，与中萼片近等长但较狭，先端尾状，具脉 3~5 条；花瓣呈狭矩圆形，与中萼片近等长但较薄且窄，先端钝；唇瓣呈矩圆状卵形，略内卷呈舟状，与萼片近等长；宽 2.5~3.5 mm，先端圆形，基部具爪，长约 0.5 mm，上部边缘为啮齿状，强烈皱波状，中部以下全缘、中部或多或少缢缩，内面中部以上具短柔毛，基部两侧各具 1 个胼胝体；蕊柱长 2~3 mm；花药长约 1 mm，先端急尖；花粉块较大；蕊喙裂片狭长，渐尖，长约 1 mm；黏盘呈长纺锤形；柱头较大，呈马蹄形；子房为卵形，扭转，长 4~5 mm，具腺毛。蒴果具 3 棱，长约 5 mm。花期为 6—8 月份。

生境分布：中生、湿生植物。生于沼泽化草甸或林缘草甸。在鄂尔多斯市见于鄂托克旗，鄂托克前旗，乌审旗，伊金霍洛旗，达拉特旗展旦召苏木、响沙湾。

保护级别：国家二级重点保护植物。

经济价值：块根或全草入药，能补脾润肺、清热凉血，主治病后体虚、神经衰弱、咳嗽吐血、咽喉肿痛、糖尿病、白带过多；外用治毒蛇咬伤。幼期至花期牛、羊均喜食，属于中等饲用植物。

28. 宽叶红门兰

学名：*Orchis latifolia* L.

别名：蒙古红门兰

科属：兰科 红门兰属

宽叶红门兰

形态特征：多年生草本植物。植株高 8~50 cm。块茎粗大，肉质，两侧压扁，下部 3~5 掌状分裂。茎直立，基部具 2~3 棕色叶鞘。叶 3~6 片，呈条状披针形、披针形或长椭圆形，长 3~15 cm，宽 7~22 mm，先端钝、渐尖、急尖或长渐尖，基部成鞘状抱茎。总状花序密集似穗状，具多花，不偏向一侧，长 2~12 cm；花苞片披针形，先端渐尖或长渐尖；花为紫红色或粉色；中萼片呈椭圆形或卵状、舟状，长 7~9 mm，宽 2~4 mm，先端钝；侧萼片斜卵状椭圆形，张开，与中萼片近等大，先端钝，萼片均具脉 3~5 条；花瓣直立，斜卵形，小于或近等于萼片，先端钝；唇瓣近菱形，先端钝，上面有细乳头状突起，边缘浅波状或具锯齿，前部不裂或微 3 裂，长 8~10 mm，宽 8~19 mm，具多脉；距圆筒状或圆锥状，基部较宽，末端变细，钝，长 8~14 mm，长于、近等长于或短于子房，长于唇瓣；蕊柱长 3~4 mm；花药长约 2 mm；花粉块柄短，长约 1 mm；黏盘小，圆形，藏于同一个黏囊之中；蕊喙小；子房扭转，无毛。花期为 6—7 月份。

生境分布：湿生植物。生于水泡附近湿草甸或沼泽化草甸。在鄂尔多斯市见于乌审旗图克镇。

保护级别：国家二级重点保护植物。

经济价值：牛、羊少食，属于劣等饲用植物。

29. 角盘兰

学名：*Herminium monorchis* (L.)R. Br.，W. T. Aiton

别名：人头七

科属：兰科 角盘兰属

角盘兰

形态特征：多年生草本植物。陆生兰，植株高 9~40 cm。块茎呈球形，直径为 5~8 mm，颈部生数条细长根。茎直立，无毛，基部具棕色叶鞘，下部常具叶 2~3（4），上部具 1~2 苞片状小叶。叶呈披针形、矩圆形、椭圆形或条形，长 2.5~11 cm，宽（3）5~20 mm，先端急尖或渐尖，基部渐狭成鞘，抱茎，无毛，具网状弧曲脉序。总状花序为圆柱状，长（1.5）2~14 cm，直径为 6~10 mm，具多花；花苞片为条状披针形或条形，先端锐尖，尾状，短于或近等长于子房；花小，黄绿色，垂头，钩手状；中萼片呈卵形或卵状披针形，长 2~3 mm，宽约 1 mm，先端钝，具 1 脉；侧萼片呈披针形，与中萼片近等长，但较窄，先端钝，具 1 脉；花瓣条状披针形，向上部渐狭成条形，先端钝，上部肉质增厚，长 3~5 mm，最宽处 1~1.5 mm；唇瓣肉质增厚，与花瓣近等长，基部凹陷，呈浅囊状，近中部3裂，中裂片条形，长1.5~3 mm，宽约0.5 mm，先端钝，侧裂片三角形，较中裂片短；无距；蕊柱长约0.7 mm；退化雄蕊2，显著；花粉块近圆球形，具短的花粉块柄和角状的黏盘；蕊喙矮而阔；柱头2，隆起，位于蕊喙下；子房无毛；长3~5 mm，扭转。蒴果呈矩圆形。花期为6—7月份。

生境分布：中生植物。生于山地、林缘草甸和林下。在鄂尔多斯市见于准格尔旗。

保护级别：国家二级重点保护植物。

经济价值：可做牛、马、羊饲料，属于低等饲用植物。

30. 裂瓣角盘兰

学名：*Herminium alaschanicum* Maxim.

科属：兰科 角盘兰属

裂瓣角盘兰

形态特征：多年生草本植物。植株高 14~60 cm。块茎呈椭圆形或圆球形，直径 8~12 mm，颈部生数条纤细长根。茎直立，无毛，基部具棕色膜质叶鞘，下部有叶 2~4，上部有 2~5 苞片状小叶。叶条状呈披针形、椭圆状披针形或狭椭圆形，长 3.5~8 cm，宽 5~15 mm，先端急尖或渐尖，基部渐狭成鞘抱茎，无毛。总状花序呈圆柱状，长 2~25 cm，直径 5~10 mm，具多数花；花苞片呈披针形，先端尾状，下部的较子房长；花小，绿色，垂头，钩手状；中萼片呈卵形，略呈舟状，长 2~4 mm，宽 1~2.5 mm，先端钝或近急尖，具 3 脉；侧萼片呈卵状披针形，歪斜，与中萼片等长，但较窄，先端钝或微急尖，具 1~3 脉；花瓣较萼片稍长，卵状披针形，近中部骤狭呈尾状且肉质增厚，或多或少于 3 裂，中裂片近条形，先端钝；唇瓣近矩圆形，基部凹陷具距，近中部 3 裂。侧裂片为条形，先端微急尖，长 1~3 mm，宽约 0.3 mm；中裂片为条状三角形，先端微急尖或急尖，较侧裂片稍短而宽。距明显，近卵状矩圆形，长 1~1.5 mm，基部较狭，向末端加宽，向前弯曲，末端钝。蕊柱长约 1 mm，退化雄蕊小，椭圆形；花粉块呈倒卵形，具极短的花粉块柄和卷曲成角状的黏盘；蕊喙小；柱头 2，隆起，位于唇瓣基部两侧。子房无毛，长 3~5 mm，扭转。花期为 6—7 月份。

生境分布：中生植物。生于山坡林缘草甸。在鄂尔多斯市见于准格尔旗乌兰哈达。

保护级别：国家二级重点保护植物。

经济价值：可做饲料，属于劣等饲用植物。

第十章
自治区级重点保护植物

内蒙古自治区级保护物种，依据《内蒙古珍稀濒危植物图谱》《内蒙古资源大词典》以及内蒙古自治区环保厅、内蒙古自治区林业厅、内蒙古自治区农牧业厅各自发布的关于森林、草原野生植物重点保护物种或名录中于鄂尔多斯地区分布的物种确定。

1. 问荆

学名：*Equisetum arvense* L.

别名：土麻黄

科属：木贼科 木贼属

问荆

形态特征：根状茎匍匐，具球茎，向上生出地上茎。生殖茎于早春生出，呈淡黄褐色，无叶绿素，不分枝。叶鞘筒呈漏斗形，棕褐色，质厚。孢子叶球有柄，长椭圆形，钝头；孢子叶呈六角盾形，孢子成熟后，生殖茎渐渐枯萎。营养茎由同一根茎生出，绿色，具肋棱 6~12 条。叶鞘筒长 7~8 mm，呈鞘齿条状披针形，黑褐色，具膜质白边。分枝轮生，斜升挺直，常不再分枝。

生境分布：中生植物。生于草地、河边、沙地。鄂尔多斯市见于准格尔旗、达拉特旗、杭锦旗。

保护级别：内蒙古自治区重点保护植物。

经济价值：地上部分入药，能清热、利尿、止血、止咳，主治小便不利、热淋、吐血、衄血、月经过多、咳嗽气喘。全草入蒙药，能利尿、止血、化瘀，主治尿闭、石淋、尿道烧痛、淋症、水肿、创伤出血。中等饲用价值，夏季牛和马乐食，干草羊喜食。

2. 叉子圆柏

学名：*Juniperus Sabina* L.

别名：沙地柏 叉枝圆柏 臭柏

科属：柏科 刺柏属

叉子圆柏

形态特征：匍匐灌木，稀直立灌木或小乔木，高不足 1 m。树皮呈灰褐色，裂成不规则薄片脱落。叶二型，刺叶仅出现在幼龄植株上，交互对生或 3 叶轮生，披针形；壮龄树上多为鳞叶，交互对生，斜方形或菱状卵形。雌雄异株，稀同株；雄球花呈椭圆形或矩圆形，雌球花和球果着生于向下弯曲的小枝顶端，球果呈倒三角状球形或叉状球形，成熟前为蓝绿色，成熟时为褐色、紫蓝色或黑色多少被白粉；内有种子（1）2~3（5），微扁，卵圆形。花期为 5 月份，球果成熟于翌年 10 月份。

生境分布：旱中生植物。生于多石山坡上，或针叶林或针阔叶混交林下，或固定沙丘上。鄂尔多斯市见于乌审旗、伊金霍洛旗、毛乌素沙地。

保护级别：内蒙古自治区重点保护植物。

经济价值：耐旱性强，可作水土保持及固沙造林树种。枝叶入药，能祛风湿，活血止痛，主治风湿性关节炎、类风湿性关节炎、希氏杆菌病、皮肤瘙痒。叶入蒙药，功能主治同侧柏。可做饲草，属于劣等饲用植物。可开发蚊香、香水、香料等。

3. 膜果麻黄

学名：*Ephedra przewalskii* Stapf

别名：勃氏麻黄

科属：麻黄科 麻黄属

形态特征：灌木，高50~100（240）cm。木质茎明显，茎皮呈灰黄色或灰白色，裂后显出细纤维，长条状纵裂或不规则的小块状剥落。枝直立，粗糙，具纵槽纹，小枝为绿色，2~3枝生于黄绿色的老枝节上，分枝基部再生小枝，形成假轮生状，小枝节间较粗。叶多为3裂并混有少数2裂者，裂片呈短三角形或三角形。雄球花密集成团状复穗花序，对生或轮生于节上；雌球花呈淡绿褐色或淡红褐色，近圆球形。雌球花成熟时苞片为薄膜状，干燥半透明，为淡褐色。种子常为3粒，稀2粒。花期为5—6月份，种子为7—8月份成熟。

膜果麻黄

生境分布：超旱生植物。常生于石质荒漠、石质残丘上和沙漠地区，在水分稍充足地区能形成大面积群落，盐碱土上也能生长。鄂尔多斯市见于杭锦旗西部、鄂托克旗、鄂托克前旗毛盖图苏木。

保护级别：内蒙古自治区重点保护植物。

经济价值：茎枝可供药用和做燃料；全株可为固沙树种；劣等饲用植物，可做饲草。

4. 阿拉善沙拐枣

学名：*Calligonum alaschanicum* Losinsk.

科属：蓼科 沙拐枣属

阿拉善沙拐枣

形态特征：植株高 1~3 m。老枝呈暗灰色，当年枝呈黄褐色，嫩枝呈绿色。叶长 2~4 mm。花为淡红色，通常 2~3 朵簇生于叶腋。瘦果呈宽卵形或球形。花果期为 6—8 月份。

生境分布：沙生强旱生灌木。生长于典型的荒漠带流动、半流动沙丘和覆沙戈壁上。多散生在沙质荒漠群落中，为伴生种。鄂尔多斯市见于库布其沙漠西部。

保护级别：内蒙古自治区二类重点保护植物。

经济价值：可做固沙植物。为优等饲用植物，骆驼喜食，羊乐食嫩枝及果实。根和带果全株入药，治小便混浊、皮肤皲裂。本种与乔木沙拐枣较近，但果的刺毛顶部不形成轴柱，刺毛 3 排，易于区别。

5. 沙木蓼

学名：*Atraphaxis bracteata* Losinsk.

科属：蓼科 木蓼属

形态特征：植株高 1~2 m，直立或开展。嫩枝呈淡褐色或灰黄色，老枝呈灰褐色，外皮呈条状剥裂。叶互生，革质，具短柄，呈圆形、卵形、长倒卵形、宽卵形或宽椭圆形，全缘或具波状折皱，有明显的网状脉，花少数，生于一年生枝上部，每 2~3 朵花生于 1 苞腋内，成总状花序。瘦果为卵形，具 3 棱，呈暗褐色，有光泽。花果期为 6—9 月份。

生境分布：沙生旱生灌木。生于流动、半流动沙丘中下部。为荒漠化草原和草原化荒漠常见伴生植物。鄂尔多斯市见于毛乌素沙地，鄂托克旗查布苏木、棋盘井镇、桌子山，杭锦旗西部，乌审旗。

保护级别：内蒙古自治区三类重点保护植物。

经济价值：可做固沙植物。为良等饲用植物，夏、秋季山羊、绵羊乐食其嫩枝叶，骆驼于春、夏季喜食，秋、冬季乐食。

沙木蓼

6. 华北大黄

学名：*Rheum franzenbachii* Munt.

别名：山大黄 土大黄 子黄 峪黄

科属：蓼科 大黄属

华北大黄

形态特征：植株高 30~85 cm，根肥厚。茎粗壮，直立，具细纵沟纹，无毛，通常不分枝。基生叶大，半圆柱形，基壮硬，紫红色，被短柔毛；叶片呈心状卵形；茎生叶较小，有短柄或近无柄。圆锥花序直立项生。瘦果呈宽椭圆形，长约 10 mm，宽 9 mm，具 3 棱，沿棱生翅，顶端略凹陷，基部呈心形，具宿存花被。花期为 6—7 月份，果期为 8—9 月份。

生境分布：旱中生草本。多散生于阔叶林区和山地森林草原地区的石质山坡和砾石坡地，为山地石生草原群落的稀见种，数量较少，但景观上比较醒目。鄂尔多斯市见于准格尔旗、达拉特旗、杭锦旗。

保护级别：内蒙古自治区重点保护植物。

经济价值：根入药，能清热解毒、止血、祛瘀、通便、杀虫，主治便秘、疟腮、痈疖肿毒、跌打损伤、烫火伤、瘀血肿痛、吐血、衄血等症。多做兽药用。根又可做工业染料的原料，植物体含鞣质，可提制栲胶。栽培叶可食用。根茎入蒙药，能清热、解毒、缓泻、消食、收敛疮口，主治腑热、"协日热"、便秘、经闭、消化不良、疮疡疖肿。嫩叶羊、骆驼采食。

7. 短叶假木贼

学名：*Anabasis brevifolia* C. A. Mey.

别名：鸡爪柴

科属：苋科 假木贼属

形态特征：小半灌木，高 5~20 cm。主根粗壮，呈黑褐色。由基部主干上分出多数枝条，老枝呈灰褐色或灰白色，具裂纹，粗糙；当年生枝呈淡绿色，被短毛。叶为矩圆形，先端具短刺尖，稍弯曲，基部彼此合生成鞘状，腋内生绵毛。花两性。胞果呈宽椭圆形或近球形，直径约为 2.5 mm，黄褐色，密被乳头状突起，种子与果同形。花期为 7—8 月份，果期为 9 月份。

短叶假木贼

生境分布：强旱生荒漠小半灌木。生于荒漠区和荒漠草原带的石质山丘，黏质或黏壤质微碱化的山丘间谷地和坡麓地带，为亚洲中部石质荒漠植被的建群植物之一，也以亚优势种或伴生成分出现在珍珠柴、绵刺等其他荒漠群落中。在阴山山脉以南的暖温型荒漠和荒漠化草原中分布稀少。鄂尔多斯市见于杭锦旗中西部。

保护级别：内蒙古自治区重点保护植物。

经济价值：为荒漠地区的良等饲用植物。骆驼四季均乐食，马、牛采食也较好，羊则喜欢与别的牧草混食，营养成分含量较高，春、秋季为骆驼、羊的催肥饲料。

8. 银柴胡（变种）

学名：*Stellaria lanceolata* (Bunge)Y. S. Lian

别名：披针叶叉繁缕 披针叶繁缕

科属：石竹科 繁缕属

形态特征：叶呈披针形、条状披针形、短圆状披针形，长 5~25 mm，宽 1.5~5 mm，先端渐尖，蒴果常含 1 颗种子。

生境分布：旱生植物。生于固定或半固定沙丘、向阳石质山坡、山顶石缝间、草原。鄂尔多斯市见于全市。

保护级别：内蒙古自治区重点保护植物。

经济价值：根供药用，为中药"银柴胡"的正品，能清热凉血，主治阴虚潮热、久疟、小儿疳热。

银柴胡

9. 芍药

学名：*Paeonia lactiflora* Pall.

科属：芍药科 芍药属

芍药

形态特征：多年生草本，高 50~70 cm，稀达 1 m。根为圆柱形，外皮呈紫褐色或棕褐色。茎为圆柱形，上部略分枝，呈淡绿色，常略带红色。花顶生并腋生，直径为 7~12 cm，稀达为 19 cm。蓇葖果呈卵状圆锥形。种子近球形、紫黑色或暗褐色，有光泽。花期为 5—7 月份，果期 7—8 月份。

生境分布：旱中生植物。生于山地和石质丘陵的灌丛、林缘、山地草甸及草甸草原群落中。鄂尔多斯市见于准格尔旗布尔洞沟村、茉莉梁村、蓿亥树。

保护级别：内蒙古自治区四类重点保护植物。

经济价值：根入药，能清热凉血、活血散瘀。主治血热吐衄、肝火目赤、血瘀痛经、月经闭止、疮疡肿毒、跌打损伤。也做蒙药用，能活血、凉血、散瘀，主治血热、血瘀痛经。花大而美，可供观赏。根和叶含鞣质，可提制栲胶。种子含油量约 25%，供制皂和涂料用。

10. 灌木铁线莲

学名：*Clematis fruticosa* Turcz.

科属：毛茛科　铁线莲属

形态特征：直立小灌木，高达 1 m。茎枝具棱，呈紫褐色。单叶对生，叶片薄革质，呈狭三角形或披针形。聚伞花序顶生或腋生，无花瓣。瘦果近卵形，扁，呈紫褐色。花期为 7—8 月份，果期为 9 月份。

生境分布：旱生植物。生于荒漠草原带及荒漠区的石质山坡、沟谷、干河床中，也可见于山地灌丛中，多零星散生。鄂尔多斯市见于准格尔旗，乌审旗，达拉特旗，杭锦旗，鄂托克前旗，鄂托克旗阿尔巴斯苏木、桌子山。

保护级别：内蒙古自治区重点保护植物。

经济价值：骆驼乐食，其他家畜不吃。花美丽，可供观赏。

灌木铁线莲

11. 鄂尔多斯小檗

学名：*Berberis caroli* Schneid.

科属：小檗科 小檗属

形态特征：落叶灌木，高 1~2 m。老枝呈暗灰色，表面具纵条裂，散生黑色皮孔和疣点；幼枝呈紫褐色，有黑色疣点，枝条开展，具条棱。叶片簇生于刺腋，呈倒披针形、倒卵形或椭圆形。总状花序稍下垂，花为黄色。浆果呈矩圆形，鲜红色。花期为 5—6 月份，果期为 8—9 月份。

鄂尔多斯小檗

生境分布：旱中生灌木。散生于草原带的山地。鄂尔多斯市见于准格尔旗阿贵庙、四道柳村，鄂托克旗桌子山，杭锦旗，达拉特旗库布其沙漠南沿。

保护级别：内蒙古自治区重点保护植物。

经济价值：根皮和茎皮含小檗碱，供药用，能清热燥湿、泻火解毒，主治痢疾、黄疸、关节肿痛、阴虚发热、骨蒸盗汗、痈肿疮疡、口疮、目疾、黄水疮等症。可做黄连代用品。根皮和茎皮也入蒙药。山羊采食其果实及叶，属于中等饲用植物。

12. 沙芥

学名：*Pugionium cornutum*（L.）Gaertn.

别名：山萝卜

科属：十字花科 沙芥属

沙芥

形态特征：二年生草本，高 70~150 cm。根呈圆柱形，肉质。主茎直立，分枝极多。基生叶呈莲座状，肉质，轮廓条状矩圆形，羽状全裂，裂片呈卵形、矩圆形或披针形;茎生叶羽状全裂，较小，裂片较少，裂片常呈条状披针形，全缘;茎上部叶呈条状披针形或条形。总状花序顶生或腋生,组成圆锥状花序;花瓣为白色或淡玫瑰色。短角果带翅。花期为6—7月份,果期为8—9月份。

生境分布：沙生植物。生于草原区的半固定与流动沙地上。鄂尔多斯市见于库布其沙漠、毛乌素沙地。

保护级别：内蒙古自治区重点保护植物。

经济价值：固沙植物。嫩叶做蔬菜或做饲料。全草及根入药，全草能行气、止痛、消食、解毒，主治消化不良、胸胁胀满、食物中毒;根能止咳、清肺热，主治气管炎。也做蒙药用，能解毒消食，主治头痛、关节痛、上吐下泻、胃脘胀痛、心烦意乱、视力不清、肉食中毒。根和叶为家畜、家禽所喜食，也是沙漠区优良的高产饲料。

13. 距果沙芥

学名：*Pugionium calcaratum* Kom.

别名：距沙芥 距花沙芥

科属：十字花科 沙芥属

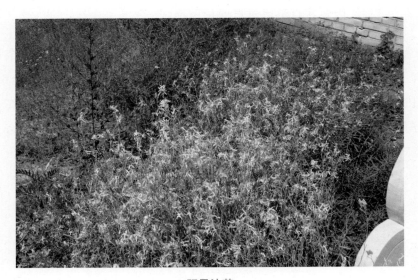

距果沙芥

形态特征：一年生草本，全株呈球状，高 70~100 cm。茎直立，极多分枝，无毛，有光泽。叶羽状全裂，裂片细条形。花蕾为矩圆形，淡红色；花瓣为蔷薇红色。短角果呈黄色，具双翅、单翅或无翅，翅近镰刀形。花果期为 6—8 月份。

生境分布：沙生植物。生于荒漠或半荒漠地带的流动或半流动沙丘。鄂尔多斯市见于库布其沙漠。

保护级别：内蒙古自治区二类重点保护植物。

经济价值：用途同沙芥。

14. 锐棱阴山荠

学名：*Yinshania acutangula*（O. E. Schulz）Y. H. Zhang

别名：锐棱岩荠

科属：十字花科 阴山荠属

锐棱阴山荠

形态特征：一年生草本，高 30~50 cm。茎直立，多分枝，具纵棱。叶片轮廓为卵形、矩圆形或宽卵形，单数羽状全裂或深裂。总状花序，花为白色，在蕾期为玫瑰色。短角果呈披针状椭圆形。种子 2 行，卵形，棕褐色。花果期为 7—9 月份。

生境分布：生于山地草甸、沟谷溪边、山麓村舍附近。鄂尔多斯市见于西鄂尔多斯国家级自然保护区。

保护级别：内蒙古自治区三类重点保护植物。

经济价值：可作为潜在的药用植物资源。

15. 费菜

学名：*Phedimus aizoon*（L.）'t Hart

别名：土三七 景天三七 见血散 野黄连

科属：景天科 费菜属

费菜

形态特征：多年生草本。根状茎短而粗。茎高 20~50 cm，具 1~3 条茎，少数茎丛生，直立，不分枝。叶互生，呈椭圆状披针形至倒披针形。聚伞花序顶生，分枝平展，多花，花瓣为黄色。蓇葖呈星芒状排列，种子为椭圆形。花期为 6—8 月份，果期为 8—10 月份。

生境分布：旱中生植物。生于石质山地疏林、灌丛、林间草甸及草甸草原，为偶见伴生植物。鄂尔多斯市见于全市。

保护级别：内蒙古自治区重点保护植物。

经济价值：根含鞣质，可提制栲胶。根及全草入药，能散瘀止血、安神镇痛，主治血小板减少性紫癜、衄血、吐血、咯血、便血、齿龈出血、子宫出血、心悸、烦躁、失眠。外用可治跌打损伤、外伤出血、烧烫伤、疮疖痈肿等症。羊少食，属于劣等饲用植物。

16. 蕤核

学名：*Prinsepia uniflora* Batalin.

别名：扁核木 马茹

科属：蔷薇科 扁核木属

蕤核

形态特征：灌木，高约 1.5 m。当年生枝呈灰绿色，老枝呈灰褐色，稍纵向剥裂，有腋生枝刺，刺长 6~13 mm，枝条的髓心呈片状。单叶互生，常簇生于短枝上，叶片呈条状矩圆形或条状倒披针形。花单生或 2~3 朵簇生；花瓣为宽倒卵形，白色。核果为球形，暗紫红色，有蜡粉；核为宽卵形，两侧扁，有网纹。花期为 6 月份，果期为 8 月份。

生境分布：喜暖中生灌木。生于低山丘陵阳坡或固定沙地。鄂尔多斯市见于毛乌素沙地，鄂托克前旗，乌审旗河南乡、沙尔利格镇。

保护级别：内蒙古自治区重点保护植物。

经济价值：果实可食用。种仁入药，能清热明目，主治目赤肿痛、烂眦流泪、翳膜遮睛等症。种子含油约 32%。叶、枝可做饲料，属于劣等饲用植物。

17. 长梗扁桃

学名：*Prunus pedunculata*（Pall.) Maxim.

别名：山樱桃 山豆子

科属：蔷薇科 李属

长梗扁桃

形态特征：灌木，高 1~1.5 m。多分枝，枝开展，树皮呈灰褐色，稍纵向剥裂；嫩枝呈浅褐色，常被短柔毛；在短枝上常 3 个芽并生，中间是叶芽，两侧是花芽。单叶互生或簇生于短枝上，叶片为倒卵形、椭圆形、近圆形或倒披针形。花单生于短枝上，花瓣为粉红色。核果近球形，稍扁，成熟时为暗紫红色，顶端有小尖头，被毡毛，果肉薄、干燥、离核。核为宽卵形，稍扁，平滑或稍有皱纹；核仁（种子）近宽卵形，稍扁，棕黄色，花期为 5 月份，果期为 7—8 月份。

生境分布：中旱生灌木。主要生长于干草原及荒漠草原地带，多见于丘陵地向阳石质斜坡及坡麓。鄂尔多斯市见于毛乌素沙地、乌审旗呼吉尔图。

保护级别：内蒙古自治区二类重点保护植物。

经济价值：种仁可代"郁李仁"入药。羊采食其叶和果，属于低等饲用植物。

18. 小叶金露梅

学名：*Potentilla parvifolia* Fisch. ex Lehm.

别名：小叶金老梅

科属：蔷薇科 委陵菜属

形态特征：灌木，高 20~80 cm，多分枝。树皮呈灰褐色，条状剥裂。小枝呈棕褐色，被绢状柔毛。单数羽状复叶，小叶片为条状披针形或条形，全缘。花单生叶腋或数朵成伞房状花序，花瓣为黄色。瘦果近卵形，被绢毛，褐棕色。花期为 6—8 月份，果期为 8—10 月份。

生境分布：旱中生小灌木。多生于草原带的山地与丘陵砾石质坡地，也见于荒漠区的山地。鄂尔多斯市见于毛乌素沙地，鄂托克旗棋盘井镇、桌子山。

保护级别：内蒙古自治区重点保护植物。

经济价值：叶与果含草柔质，可提制栲胶。嫩叶可代茶叶饮用。可供观赏。中等饲用植物，骆驼喜食。

小叶金露梅

19. 苦参

学名：*Sophora flavescens* Aiton

别名：苦甘草 苦刺花

科属：豆科 槐属

形态特征：多年生草本，高 50~100 cm。根较发达，呈圆柱状，质坚硬，外皮呈浅棕黄色。茎直立，枝条及小叶无毛。单数羽状复叶，小叶 11~19 片，呈卵状矩圆形、狭卵形或披针形，稀有椭圆形，全缘。总状花序顶生，花多数，密生。花冠为蝶形，淡黄色。荚果呈不明显的串珠状，棕褐色。花期为 6—7 月份，果期为 8—10 月份。

苦参

生境分布：耐盐中旱生植物。多生在暖温草原带的沙地和沙质草甸。多生于湖盐低地的覆沙地上。在鄂尔多斯市分布范围狭窄，仅见于准格尔旗巨河滩村。

保护级别：内蒙古自治区重点保护植物。

　　经济价值：根入药，能清热除湿、祛风杀虫、利尿，主治痢疾、湿疹、牙痛、咳嗽等症。根也入蒙药，能化热、调元、燥"黄水"、表疹，主治瘟病、感冒发热、风热、痛风、游痛症、麻疹、风湿性关节炎。茎皮纤维可织麻袋。

20. 苦豆子

学名：*Sophora alopecuroides* L.

别名：苦参草 粉豆根

科属：豆科 槐属

形态特征：多年生草本，高 30~60 cm，最高可达 1 m，全体呈灰绿色。根发达，粗壮，质坚硬，外皮呈红褐色而有光泽。茎直立，分枝多呈帚状；枝条密生灰色平伏绢毛。单数羽状复叶；小叶为矩圆状披针形、矩圆状卵形、矩圆形或卵形，全缘。总状花序顶生，花多数，密生。花冠为黄色。荚果为串珠状，有种子 3 至多颗；种子呈宽卵形，黄色或淡褐色。花期 5—6 月份，果期 6—8 月份。

苦豆子

生境分布：耐盐旱生植物。在暖温型草原带和荒漠区的盐化覆沙地上，可成为优势植物或建群植物。多生于湖盐低地的覆沙地上、河滩覆沙地以及平坦沙地、固定沙地、半固定沙地。鄂尔多斯市见于全市。

保护级别：内蒙古自治区重点保护植物。

经济价值：固沙植物。全草及荚果有消炎杀菌作用。根入药，能清热解毒，主治痢疾、湿疹、牙痛、咳嗽等症。根也入蒙药，能化热、调元、燥"黄水"、表疹，主治瘟病、感冒发热、风热、痛风、游痛症、麻疹、风湿性关节炎。枝叶可沤绿肥。青鲜状态家畜完全不食；干枯后，绵羊、山羊及骆驼采食一些残枝和荚果。含生物碱，属有毒植物。

21. 黄花苜蓿

学名：*Medicago falcata* L.

别名：野苜蓿 镰荚苜蓿

科属：豆科 苜蓿属

形态特征：多年生草本。根粗壮，木质化。茎斜升或平卧，长 30 ~ 60
（100）cm。多分枝，被短柔毛。叶为羽状三出复叶；小叶呈倒披针形、条
状倒披针形、稀倒卵形或矩圆状卵形。总状花序密集成头状，花为黄色。
荚果稍扁，呈镰刀形，稀近于直，被伏毛，含种子 2 ~ 3（4）颗。花期为 7—
8 月份，果期为 8—9 月份。

生境分布：耐寒的旱中生植物。喜生于砂质或砂壤质土，多见于河滩、
沟谷等低湿生境中。鄂尔多斯市见于准格尔旗、达拉特旗、杭锦旗。

黄花苜蓿

保护级别：内蒙古自治区重点保护植物。

经济价值：全草入药，能宽中下气、健脾补虚、利尿，主治胸腹胀满、消化不良、浮肿等症。营养丰富，适口性好，各种家畜均喜食。牧民称此草有增加产乳量之效，能促进幼畜发育。产草量较高，用作放牧或打草均可。茎多为半直立或平卧，可选择直立型的进行驯化栽培，也可作为杂交育种材料，很有引种栽培前途。为优等饲用植物。

22. 圆果甘草

学名：*Glycyrrhiza squamulosa* Franch.

别名：马兰秆

科属：豆科 甘草属

形态特征：多年生草本，高 30~60 cm。茎直立，稍带木质，具条棱，有白色短毛和鳞片状腺体。叶为单数羽状复叶，具小叶 9~13；托叶呈披针形或宽披针形，有短毛和鳞片状腺体；小叶呈矩圆形、倒卵状矩圆形或椭圆形，长（5）10~30（35）mm，宽 5~8 mm，先端钝或微凹，具小刺尖，基部呈楔形或宽楔形，两面密被腺点，并有鳞片状腺体，边缘有长毛及腺体；小叶柄短。总状花序腋生，较叶长或短于叶；总花梗长 6~10 cm，密被白色长柔毛及腺体；花梗长约 1 mm；苞片为披针形，较花梗长近 1 倍，花为白色，

圆果甘草

干时呈黄色，长约 8 mm；花萼呈筒状钟形，长约 3 mm，密被鳞片状腺体并疏生长柔毛，萼齿呈披针形，渐尖，与萼筒等长，长约 1.5 mm；花瓣均密被腺体，旗瓣呈矩圆状卵形，顶端钝，基部渐狭成短爪，翼瓣较旗瓣短，但比龙骨瓣稍长或等长，均具爪，爪长为鳞片的 1/2；子房密被腺体。荚果扁，呈宽卵形、矩圆形或近圆形，褐色，长 5~7 mm，宽 4~6 mm，有瘤状突起，顶端有短尖；含种子 2 颗。花期为 6—7 月份，果期为 8—9 月份。

生境分布：草原中旱生草本。生长于田野、路旁、撂荒地或河岸阶地，轻度盐碱地也能生长。鄂尔多斯市见于全市。

保护级别：内蒙古自治区重点保护植物。

经济价值：根为中草药。谢蕾前骆驼乐食，羊亦采食，干后各种家畜均采食，羊尤喜食其荚果，属于中等饲用植物。

23. 大花雀儿豆

学名：*Chesneya macrantha* S. H. Cheng ex H. C. Fu

别名：红花雀儿豆

科属：豆科 雀儿豆属

形态特征：垫状半灌木，高 10~15 cm，多分枝，当年枝短缩。单数羽状复叶；小叶呈椭圆形、菱状椭圆形或倒卵形。花较大，呈紫红色。荚果呈矩圆状椭圆形，顶端具短喙，密被长柔毛。花期为 6—7 月份，果期为 8—9 月份。

生境分布：荒漠旱生灌木。散生于荒漠区或荒漠草原的山地石缝中、剥蚀残丘或沙地上。鄂尔多斯市见于鄂托克旗阿尔寨、桌子山，西鄂尔多斯国家级自然保护区。

保护级别：内蒙古自治区二类重点保护植物。

经济价值：羊在春、夏季少采食，属于低等饲用植物。

大花雀儿豆

24. 柠条锦鸡儿

学名：*Caragana korshinskii* Kom.

别名：柠条 白柠条 大白柠条 毛条

科属：豆科 锦鸡儿属

柠条锦鸡儿

　　形态特征：灌木，高 1.5~3 m，树干基部直径 3~4 cm。树皮呈金黄色，有光泽；枝条细长，小枝呈灰黄色，具条棱，密被绢状柔毛。长枝上的托叶宿存并硬化成针刺状；小叶羽状排列，呈倒披针形或矩圆状倒披针形；花冠为黄色。荚果呈披针形或矩圆状披针形，略扁，深红褐色，顶端短渐尖。花期为 5—6 月份，果期为 6—7 月份。

　　生境分布：沙漠旱生灌木。散生于荒漠、荒漠草原地带的流动沙丘及半固定沙地。鄂尔多斯市见于杭锦旗库布其沙漠西段，鄂托克旗西部"五大沙"，鄂托克前旗西部陶利。

　　保护级别：内蒙古自治区重点保护植物。

　　经济价值：羊在春季采食其幼嫩枝叶，夏秋采食较少，秋霜后又开始喜食。马、牛采食较少。耐沙性较强，可做固沙造林树种。多用作农田防护植物，并能沤作绿肥。刈割后制成干草粉，可做饲料用，为中等饲用植物。

25. 荒漠锦鸡儿

学名：*Caragana roborovskyi* Kom.

别名：洛氏锦鸡儿

科属：豆科 锦鸡儿属

形态特征：矮灌木，高 30~50 cm。树皮呈黄褐色，略有光泽，稍呈不规则的条状剥裂；小枝呈黄褐色或灰褐色，具灰色条棱，嫩枝密被白色长柔毛。小叶 6~10，羽状排列，宽例卵形、倒卵形或倒披针形；花冠为黄色，全部被短柔毛。荚果呈圆筒形，有毛，顶端渐尖。花期为 5—6 月份，果期为 6—7 月份。

生境分布：强度旱生小灌木。生于干燥剥蚀山坡、山间谷地及干河床，并可沿干河床构成小面积呈条带状的荒漠群落。鄂尔多斯市见于鄂托克旗查布苏木、新召苏木、阿尔巴斯苏木、棋盘井镇、桌子山、千里山，鄂托克前旗三段地镇。

保护级别：内蒙古自治区重点保护植物。

经济价值：各种家畜均采食。属于中等饲用植物。

荒漠锦鸡儿

26. 狭叶山野豌豆（变种）

学名：*Vicia amoena var. oblongifolia* Regel

别名：芦豆苗

科属：豆科 野豌豆属

形态特征：本变种与正种的主要区别在于，小叶为矩圆形或长披针形。

生境分布：中生植物。生于丘陵低湿地、河岸、沟边、山坡、沙地、林缘、灌丛等处。鄂尔多斯市见于达拉特旗、准格尔旗、伊金霍洛旗。

保护级别：内蒙古自治区重点保护植物。

经济价值：优良牧草，牲畜喜食。全草入药，能祛风湿、活血、舒筋、止痛。

狭叶山野豌豆

27. 内蒙古棘豆

学名：*Oxytropis neimonggolica* C. W. Chang et Y. Z. Zhao

别名：单叶棘豆

科属：豆科 棘豆属

形态特征：多年生矮小草本，高 3~5 cm。主根粗壮，木质化，向下直伸，呈褐色，根颈部有几个根头，叶轴宿存。小叶 3，2 型，初生小叶无柄，呈椭圆形至椭圆状披针形；后生小叶无柄，呈条形；花冠为淡黄色。荚果近球形，膨胀，顶端具喙，表面密生白色长柔毛。花期为 4—5 月份，果期为 5—6 月份。

内蒙古棘豆

生境分布：荒漠草原旱生植物。在草原带西部以及荒漠草原的沙质草原、低丘和干河床中散生。鄂尔多斯市见于西鄂尔多斯国家级自然保护区。

保护级别：内蒙古自治区二类重点保护植物。

经济价值：可做牧草。

28. 荒漠黄耆

学名：*Astragalus alaschanensis* H. C. F

别名：磴口黄耆 宁夏黄耆

科属：豆科 黄耆属

形态特征：多年生草本，高 10~20 cm。根粗壮，直伸，呈褐色。具多数短缩的地上茎，形成密丛，全株密被开展的丁字毛，茎及叶柄基部被毛极密，呈毡毛状。单数羽状复叶；小叶为宽椭圆形、宽倒卵形或近圆形，全缘。短总状花序，腋生，具花，多数花序密集于叶丛的基部，类似根生；花为紫红色。荚果近无柄，为卵形或矩圆状卵形，稍膨胀，顶端渐尖，基部为圆形，密被白色长硬毛；种子为肾形或椭圆形，橘黄色。花期为 5—6 月份，果期为 7 月份。

生境分布：旱生植物。多生于荒漠或荒漠草原带的平坦沙地、半固定沙地。鄂尔多斯市见于西鄂尔多斯国家级自然保护区。

保护级别：内蒙古自治区二类重点保护植物。

经济价值：可做牧草。

荒漠黄耆

29. 乌拉特黄芪

学名：*Astragalus hoantchy* Franch.

别名：贺兰山黄芪 黄芪

科属：豆科 黄耆属

形态特征：多年生草本，高可达 1 m。茎直立，多分枝，具条棱，无毛或疏生白色和黑色的长柔毛。单数羽状复叶；小叶呈宽卵形、近圆形或倒卵形，全缘。总状花序腋生，花为紫红色或紫色。荚果下垂，两侧扁平，有长柄，为矩圆形，顶端渐狭，有网纹；种子为矩圆状肾形，呈黑褐色，有光泽。花期为 6 月份，果期为 7 月份。

生境分布：中旱生植物。散生于草原区和荒漠区的石质山坡或沟谷中，以及山地灌丛中。鄂尔多斯市见于鄂托克旗桌子山。

保护级别：内蒙古自治区重点保护植物。

经济价值：可做牧草。

乌拉特黄芪

30. 扁茎黄芪

学名：*Astragalus complanatus* R. ex Bge.

别名：夏黄芪 沙苑子 沙苑蒺藜 潼蒺藜 蔓黄芪

科属：豆科 黄耆属

形态特征：多年生草本，主根粗长，全株疏生短毛。茎数个至多数，有棱，略扁，通常平卧，长可达 1 m，不分枝或稍分枝。单数羽状复叶。总状花序腋生，花朵疏生，为白色或带紫色。荚果为纺锤状矩圆形，稍膨胀，腹背压扁，顶端有尖喙，基部有短柄，表面被黑色短硬毛，含种子 20~30 颗，圆肾形，灰棕色至深棕色，光滑。花期为 8—9 月份，果期为 9—10 月份。

生境分布：中旱生植物。在草原带的微碱化草甸、山地阳坡或灌丛中为伴生种。鄂尔多斯市见于东部、乌审旗陶利。

保护级别：内蒙古自治区重点保护植物。

扁茎黄芪

经济价值：种子入药，能补肝肾、固精、明目，主治腰膝酸疼、遗精早泄、尿频、遗尿、视物不清等症。开花前为牛、羊所喜食，也可刈割喂猪，开花后植株易老化，适口性下降。该植物可用于放牧地补播或改良盐碱化草甸，亦可做水土保持植物或绿肥植物。

31. 霸王

学名：*Sarcozygium xanthoxylon* Bunge

别名：喀什霸王

科属：蒺藜科 霸王属

霸王

形态特征：灌木，高 70~150 cm。枝疏展，弯曲，皮呈淡灰色，木材呈黄色，小枝先端呈刺状。叶在老枝上簇生，在嫩枝上对生；小叶 2 枚，呈椭圆状条形或长匙形。蒴果通常具 3 宽翅，呈宽椭圆形或近圆形，不开裂。种子为肾形，黑褐色。花期为 5—6 月份，果期为 6—7 月份。

生境分布：强旱生植物。经常出现于荒漠、草原化荒漠及荒漠化草原地带。在戈壁覆沙地上，有时成为建群种，形成群落。亦散生于石质残丘坡地、固定与半固定沙地、干河床边、沙砾质丘间平地。鄂尔多斯市见于杭锦旗西部、鄂托克旗北部。

保护级别：内蒙古自治区重点保护植物。

经济价值：根入药，能行气散满，主治腹胀。在幼嫩时骆驼和羊喜食其枝叶，中等饲用植物。可做燃料并可阻挡风沙。

32. 白刺

学名：*Nitraria tangutorum* Bobrov

别名：唐古特白刺

科属：蒺藜科 白刺属

形态特征：灌木，高 1~2 m。多分枝，开展或平卧；小枝呈灰白色，先端常呈刺状。叶通常 2~3 个簇生，呈宽倒披针形或长椭圆状匙形，全缘。花序顶生，黄白色。核果呈卵形或椭圆形，熟时为深红色，果汁为玫瑰色；果核为卵形，上部渐尖。花期为 5—6 月份，果期为 7—8 月份。

生境分布：潜水旱生植物。是荒漠草原到荒漠地带沙地上的重要建群植物之一，经常见于古河床阶地、内陆湖盆边缘、盐渍化低洼地的芨芨草滩外围等处，常形成中至大型的沙堆。鄂尔多斯市见于杭锦旗、鄂托克旗、鄂托克前旗、乌审旗。

白刺

保护级别：内蒙古自治区重点保护植物。

经济价值：果实入药，能健脾胃、滋补强壮、调经活血。主治身体瘦弱、气血两亏、脾胃不和、消化不良、月经不调、腰腿疼痛等。果实也做蒙药用，能健脾胃、助消化、安神解表、下乳，主治脾胃虚弱、消化不良、神经衰弱、感冒。骆驼采食其嫩枝和叶，羊乐食其成熟的果实，属于低等饲用植物。

33. 针枝芸香

学名：*Haplophyllum tragacanthoides* Diels

科属：芸香科 拟芸香属

形态特征：小半灌木，高 2~8 cm。茎基的地下部分粗大，分枝，木质，黑褐色，地上部分粗短，丛生多数宿存的针刺状的不分枝的老枝，老枝淡褐色或淡棕黄色；当年生枝，淡灰绿色，密被短柔毛，直立，不分枝。叶矩圆状披针形、狭椭圆状或矩圆状倒披针形。花单生于枝顶。成熟蒴果顶部开裂；种子肾形，表面有皱纹。花期为 6 月份，果期为 7—8 月份。

生境分布：强旱生植物。生于干旱区石质山坡。鄂尔多斯市见于鄂托克旗棋盘井镇、桌子山、千里山。

保护级别：内蒙古自治区二类重点保护植物。

经济价值：骆驼、羊稍食，属于低等饲用植物。

针枝芸香

34. 远志

学名：*Polygala tenuifolia* Willd.

别名：细叶远志 小草

科属：远志科 远志属

远志

形态特征：多年生草本，高 8~30 cm。根肥厚，为圆柱形，直径 2~8 mm，长达十余厘米，外皮呈浅黄色或棕色。茎多数，较细，直立或斜升，条形至条状披针形。总状花序顶生或腋生，花呈淡蓝紫色。蒴果为扁圆形，先端微凹，边缘有狭翅，表面无毛；种子 2，椭圆形，棕黑色，被白色茸毛。花期为 7—8 月份，果期为 8—9 月份。

生境分布：广旱生植物，嗜砾石。多见于石质草原及山坡、草地、灌丛下。鄂尔多斯市见于全市。

保护级别：内蒙古自治区重点保护植物。

经济价值：根入药，能益智安神、开郁豁痰、消痈肿。主治惊悸健忘、失眠多梦、咳嗽多痰、支气管炎、痈疽疮肿。根皮入蒙药，能排脓、化痰、润肺、锁脉、消肿、愈伤，主治肺脓肿、痰多咳嗽、胸伤。嫩茎叶牛、马、羊食，也可做猪饲料，属于低等饲用植物。

35. 西伯利亚远志

学名：*Polygala sibirica* L.

别名：瓜子金 卵叶远志

科属：远志科 远志属

西伯利亚远志

形态特征：多年生草本，高 10~30 cm，全株被短柔毛。根粗壮，圆柱形。茎丛生，基部稍木质。茎下部的叶小，呈卵圆形，上部的叶大，呈狭卵状披针形。总状花序腋生或顶生，花为淡蓝色，生于一侧。蒴果扁，倒心形，顶端凹陷，周围具宽翅，边缘疏生短睫毛。种子 2，长卵形，扁平，黄棕色，密被长茸毛，种阜明显，为淡黄色，膜质。花期为 6—7 月份，果期为 8—9 月份。

生境分布：中旱生植物。生于山坡、草地、林缘、灌丛。鄂尔多斯市见于准格尔旗阿贵庙。

保护级别：内蒙古自治区重点保护植物。

经济价值：根入药，能益智安神、开郁豁痰、消痈肿。主治惊悸健忘、失眠多梦、咳嗽多痰、支气管炎、痈疽疮肿。根皮入蒙药，能排脓、化痰、润肺、锁脉、消肿、愈伤，主治肺脓肿、痰多咳嗽、胸伤。牛、羊均采食，适口性中等。

36. 文冠果

学名：Xanthoceras sorbifolium Bunge

别名：木瓜（内蒙古）文冠树

科属：无患子科 文冠果属

文冠果

形态特征：灌木或小乔木，高可达8 m，胸径可达90 cm。树皮呈灰褐色。小枝粗壮，为褐紫色，光滑或有短柔毛。单数羽状复叶，互生，窄椭圆形至披针形，边缘具锐锯齿。总状花序。蒴果3~4室，每室具种子1~8颗；种子呈球形，黑褐色。花期为4—5月份，果期为7—8月份。

生境分布：中生植物，生于山坡。是喜光树种，适应性强。耐干旱瘠薄，喜生于背风向阳、土层较厚、中性的沙壤土。抗寒性强，在绝对最低气温达 –42.4℃时冻不死。鄂尔多斯市见于全市。

保护级别：内蒙古自治区四类重点保护植物。

经济价值：茎干或枝条的木质部作蒙药用，能燥"黄水"、清热、消肿、止痛，主治游痛症、痛风症、热性"黄水"病、麻风病、青腿病、皮肤瘙痒、癣、脱发、黄水疮、风湿性心脏病、关节疼痛、淋巴结肿大、浊热。种子含油30.8%，种仁含油56.4%~70.0%，与油茶、榛子相近。除油供食用和工业用外，油渣含有丰富的蛋白质和淀粉，可作为提取蛋白质或氨基酸的原料，经加工也可以做精饲料。木材为棕褐色，坚硬致密，花纹美观，抗腐性强，可做器具和家具。果皮可提取工业上用途较广的糠醛。为荒山固坡和园林绿化树种。

37. 长叶红砂

学名：*Reaumuria trigyna* Maxim.

别名：黄花枇杷柴 黄花红砂

科属：柽柳科 红砂属

长叶红砂

形态特征：小灌木，高 10~30 cm，多分枝。树皮片状剥裂。老枝呈灰白色或灰黄色；当年枝由老枝顶部发出，较细，呈淡绿色。叶肉质，呈圆柱形。花单生叶腋，花瓣为黄白色，矩圆形。蒴果为矩圆形。

生境分布：荒漠耐盐旱生植物。生于石质低山、山前洪积或冲积平原。鄂尔多斯市见于准格尔旗、鄂托克旗、杭锦旗。

保护级别：内蒙古自治区二类重点保护植物。

经济价值：枝、叶入药，主治湿疹、皮炎。骆驼喜食，干枯后比青鲜时采食率高。羊在青鲜时很少采食，干枯后乐食其小枝。牛不采食。马只在干枯后偶尔少量采食。为良等饲用植物，同时还是栲胶植物。

38. 百花蒿

学名：*Stilpnolepis centiflora* (Maxim.) Krasch.

科属：菊科 百花蒿属

百花蒿

　　形态特征：　一年生草本，高50～80 cm，有强烈的臭味。根粗壮，呈褐色。茎粗壮，下部直径为5～8 mm，淡褐色，具纵沟棱，被丁字毛，多分枝。叶稍肉质，呈狭条形，长3～10 cm，宽2～4 mm，先端渐尖，具3脉，两面被丁字毛或近无毛，下部或基部边缘有2～3对稀疏的、托叶状的羽状小裂片。头状花序半球形，直径8～20 mm，梗长1.5～3 cm，下垂，单生于枝端，多数排列成疏散的复伞房状；总苞片4～5层，宽倒卵形，长达7 mm，宽约5 mm，内外层等长或外层稍短于内层，先端圆形，淡黄色，具光泽，全部膜质或边缘宽膜质，疏被长柔毛。花极多数(100余枚)，全部为结实的两性花，花冠呈高脚杯状，长约4 mm，淡黄色，有棕色或褐色腺体，顶端5裂，裂片呈长三角形，外卷。雄蕊花药顶端的附片为卵形，先端钝尖；花柱分枝长，斜展，顶端为截形。花序托为半球形，裸露。瘦果为长棒状，长5～6 mm，肋纹不明显，密被棕褐色腺体。

生境分布：沙生旱生植物。生于流动沙丘的丘间低地，为亚洲中部阿拉善荒漠特有种。鄂尔多斯市见于毛乌素沙地、库布其沙漠。

保护级别：内蒙古自治区二类重点保护植物。

经济价值：秋、冬季家畜乐食，属于中等饲用植物。

39. 蒙疆苓菊

学名：*Jurinea mongolica* Maxim.

别名：蒙新苓菊 地棉花 鸡毛狗

科属：菊科 苓菊属

蒙疆苓菊

　　形态特征：多年生草本，高 6~20 cm。根粗壮，呈暗褐色，颈部被残存的枯叶柄，有极厚的白色团状绵毛。茎丛生，具纵条棱，有分枝，被蛛丝状绵毛。基生叶与下部叶呈矩圆状披针形、长椭圆形以至条状披针形，长 2~7 cm，宽 0.5~1.5 cm，羽状深裂或浅裂，侧裂片为披针形、条状披针形至条形，先端尖或钝，有时不分裂，具疏牙齿或近全缘，边缘常皱曲而反卷，两面被或疏或密的蛛丝状绵毛，下面密生腺点，主脉隆起而呈白黄色，均具叶柄。中部叶及上部叶变小，具短柄，或无柄，呈披针形，羽状浅裂或具小钝齿。头状花序长 2~3 cm，宽 1.5 ~ 2.5 cm，总苞呈钟状，总苞片为黄绿色，通常紧贴而直立，被蛛丝状绵毛、腺体及小刺状微毛，先端长渐尖，具刺尖，呈麦秆黄色，边缘有短刺状缘毛，外层者较短，呈卵状披针形；中层者呈披针形；内层较长，呈条状披针形。管状花为红紫色，长 20~25 mm，管部向上渐扩大成漏斗状的檐部，外面有腺体，裂片呈条状披针形，长约 5 mm。瘦果长约 6 mm，宽约 2.5 mm，褐色；冠毛为污黄色，糙毛状，长达 10 mm，有短羽毛。花果期为 6—8 月份。

生境分布：强旱生植物。为荒漠草原地带、荒漠地带小针茅草原和草原化荒漠群落恒有伴生种，也见于路旁和畜群集中点。见于鄂尔多斯市全市。

保护级别：内蒙古自治区三类重点保护植物。

经济价值：植株颈部的白色棉毛入药。烧炭存性，敷患处，能止血，主治创伤出血。马、羊乐食，属于中等饲用植物。

40. 荒漠风毛菊

学名：*Saussurea deserticola* H. C. Fu

科属：菊科 风毛菊属

荒漠风毛菊

　　形态特征：多年生草本，高 30~40 cm。根状茎较粗壮，倾斜，颈部具黑褐色残叶柄。茎直立，单一，具纵沟棱，密被或疏被蛛丝状毛和腺点。基生叶花期常凋落，下部叶呈卵状披针形，长 5~9 cm，宽 1.5~2 cm，二回羽状全裂，裂片 11~13 对，呈条形或披针状条形，长 2~12 mm，宽 1~3 mm，先端钝或尖，小裂片呈条形、披针状条形或呈不规则的锯齿，羽轴疏生栉齿，两面疏被蛛丝状毛并密布腺点，叶柄长 1~2 cm，具窄翅，基部半抱茎，密被蛛丝状毛；中、上部叶渐小。头状花序多数，在茎上部排列成疏松的圆锥状或上端近伞房状，下端呈总状，有长梗或短梗，有条形苞叶，具疏齿或全缘；总苞呈钟状或卵状钟形，长 10~14 mm，直径 7~12 mm；总苞片革质，5~7 层，密被蛛丝状短柔毛，上部及边缘常带紫红色，中肋明显，为黑绿色或褐色，外层为卵形，顶端钝或具小尖头；中层为矩圆状形，顶端尖；内层为矩圆状条形，顶端钝。花序托上有膜质条形的托片，长 1.5~6 mm；花冠为粉紫色，长约 14 mm，狭管部长约 6 mm，檐部长约 8 mm，裂片 5，狭条形，等长。瘦果为矩圆形，长 3.5~4 mm，具 4 条纵棱，表面有不明显的粗糙鳞片，呈暗绿色，疏被微毛和腺点，顶端有具钝齿的小冠；冠毛为白色，2 层，外层短，为糙毛状，内层长，长约 11 mm，为羽毛状。花期为 9 月份。

生境分布：强旱生植物。生于草原化荒漠地带的石质山坡。鄂尔多斯市见于鄂托克旗千里山、桌子山。

保护级别：内蒙古自治区二类重点保护植物。

经济价值：春、秋、冬季家畜少食，属于低等饲用植物。

41. 泽泻

学名：*Alisma plantago-aquatica* L.

科属：泽泻科 泽泻属

泽泻

形态特征：多年生草本。根状茎缩短，呈块状增粗，须根多数，为黄褐色。叶基生，叶片呈卵形或椭圆形，长 3~16 cm，宽 2~8 cm，先端渐尖，基部为圆形或心形，具纵脉 5~7 条，弧形，横脉多数，两面光滑，具长柄，质地松软，基部渐宽成鞘状。花茎高 30~100 cm，中上部分枝，花序分枝轮生，每轮 3 至多数，组成圆锥状复伞形花序。花直径为 3~5 mm，具长梗，萼片 3，呈宽卵形，长 2~2.5 mm，宽约 1.5 mm，绿色，果期宿存；花瓣 3，呈倒卵圆形，长 3~4 mm，薄膜质，白色，易脱落。雄蕊 6，花药呈淡黄色，长约 1 mm；心皮多数，离生，花柱侧生，宿存。瘦果多数呈倒卵形，长 2~2.5 mm，宽 1.5~2 mm，光滑，两侧压扁，紧密地排列于花托上。花期为 6—7 月份，果期为 8—9 月份。

生境分布：水生植物。生于沼泽。鄂尔多斯市见于准格尔旗、伊金霍洛旗、乌审旗、鄂托克旗、达拉特旗。

保护级别：内蒙古自治区二类重点保护植物。

经济价值：嫩苗为牛、马、羊所食，煮熟可喂猪。属于中等饲用植物。

42. 细叶百合

学名：*Lilium pumilum* Redouté

别名：细叶山丹 山丹丹花 白百合

科属：百合科 百合属

细叶百合

　　形态特征：多年生草本。鳞茎呈卵形或圆锥形，高 3~5 cm，直径为 2~3 cm；鳞片呈矩圆形或长卵形，长 3~4 cm，宽 1~1.5 cm，白色。茎直立，高 25~66 cm，密被小乳头状突起。叶散生于茎中部，条形。长 3~9.5 cm，宽 1.5~3 mm，边缘密被小乳头状突起。花 1 至数朵，生于茎顶部，鲜红色，无斑点，下垂；花被片反卷，长 3~5 cm，宽 6~10 mm，蜜腺两边有乳头状突起；花丝长 2.4~3 cm，无毛，花药呈长矩圆形，长 7.5~10 mm，黄色，具红色花粉粒；子房呈圆柱形，长约 10 mm；花柱长约 17 mm，柱头膨大，径 3.5~4 mm，3 裂。蒴果呈矩圆形，长约 2 cm，直径为 0.7~1.5 cm。花期为 7—8 月份，果期为 9—10 月份。

生境分布：中生植物。生于草甸草原、山地草甸及山地林缘。鄂尔多斯市见于准格尔旗神山、阿贵庙，鄂托克旗桌子山，乌审旗。

保护级别：内蒙古自治区四类重点保护植物。

经济价值：　鳞茎入药，能养阴润肺、清心安神，主治阴虚、久咳、痰中带血、虚烦惊悸、神志恍惚。花及鳞茎也入蒙药，能接骨、治伤、燥"黄水"、清热解毒、止咳止血，主治骨折、创伤出血、虚热、铅中毒、毒热、痰中带血、月经过多等。牛、羊采食其嫩茎叶，属于中等饲用植物。

第十一章

鄂尔多斯三耐植物名录

　　"三耐植物"是对鄂尔多斯地区原生态的耐寒、耐旱、耐盐碱植物的总称。在应用类型的选择上，以防风固沙、保持水土等治沙和生态修复的典型植物和功能植物为主，兼顾饲用、药用的经济效果。这些植物大多数是亿利集团在30年治沙实践和生态修复实践中悉心收集、精心保护、培育和有效利用的生态修复物种，下文大体上以其使用频度和种植面积排序介绍。

1. 北沙柳

学名：*Salix psammophila* C. Wang et C. Y. Yang

别名：沙柳 西北沙柳

科属：杨柳科 柳属

植株　　　　　　　　　　　　枝条

北沙柳

　　形态特征：灌木，高2~4 m，枝条细长，材质洁白。树皮灰色；老枝颜色变化较大，浅灰色、黄褐色或紫褐色，小枝叶可长达12 cm，先端渐尖，基部楔形。花先叶开放；雄花具雄蕊2，完全合生。蒴果长5.8 mm，被柔毛。花期为4月份下旬，果期为5月份。

　　生境分布：生于流动、半固定沙丘及沙丘间低地。分布于我国内蒙古、陕西北部、宁夏东部、山西等地区。内蒙古见于巴彦淖尔市，阿拉善盟（引种），鄂尔多斯市毛乌素沙地、库布其沙漠。

三耐特性：为中旱生植物。水平根系发达，可塑性强，耐水湿，耐旱，耐寒，抗沙埋，抗风蚀，耐刈割，生长迅速，为鄂尔多斯市及西北沙区优良的固沙树种和生态修复树种。亿利集团利用该物种开展 30 年的生态修复工作，已使库布其沙漠和相关沙区的北沙柳的生物量保有量跃居各类树种的生物量之首，而使其成为沙漠生态修复的功勋树种。

经济价值：枝条可供编织、生产纸板等用。幼嫩枝叶牲畜喜食，属于干旱沙性草原良好饲用植物。

2. 沙拐枣

学名：*Calligonum mongolicum* Turcz.

别名：蒙古沙拐枣

科属：蓼科 沙拐枣属

沙拐枣

形态特征：植株高 30~150 cm。分枝呈"之"字形弯曲，老枝灰白色，当年枝绿色。叶细鳞片状。花淡红色，通常 2~3 朵簇生于叶腋。瘦果椭圆形，直或稍扭曲。花期为 5—7 月份，果期为 7—8 月份。

生境分布：广泛生长于荒漠草原和荒漠带的流动、半固定沙丘，覆沙戈壁，沙砾质坡地和干河床。也经常散生或群生于蒿类群落和梭梭荒漠中，为常见伴生种。分布于我国内蒙古、甘肃西部及新疆东部；蒙古也有。内蒙古见于锡林郭勒盟，巴彦淖尔市，乌海市，阿拉善盟，鄂尔多斯市鄂托克旗、杭锦旗西部。

三耐特性：为典型强旱生沙生植物。耐高温、耐旱、耐寒，抗沙打，抗沙埋，为沙质荒漠的重要建群种和防沙固沙的重要物种。亿利集团在生态修复工作中经反复实践摸索，取得了对该物种利用的成功经验，使该物种在多年的治沙实践中发挥了重要作用。

经济价值：为优等饲用植物，夏、秋季骆驼喜食其枝叶，冬、春季采食较差，绵羊和山羊夏、秋季乐食其嫩枝及果实。根及带果全株入药，治小便混浊、皮肤皲裂。

3. 锐枝木蓼

学名：*Atraphaxis pungens*（M. Bieb.）Jaub. et Spach

别名：刺针枝蓼

科属：蓼科 木蓼属

锐枝木蓼

形态特征：灌木，高达 1.5 m；多分枝，小枝呈灰白色或灰褐色，木质化，顶端无叶为刺状，老枝呈灰褐色，外皮条状剥裂。叶互生，具短柄，革质，呈椭圆形、倒卵形或条状披针形，全缘。总状花序侧生于当年生的木质化小枝上，花序短而密集。呈瘦果卵形，具 3 棱，暗褐色，有光泽。花果期为 6—9 月份。

生境分布：生于荒漠草原和荒漠带的石质丘陵坡地、河谷、阶地和戈壁。分布于我国内蒙古、甘肃、青海、新疆；蒙古、俄罗斯、印度也有。内蒙古见于锡林郭勒盟，乌兰察布市，巴彦淖尔市，阿拉善盟，鄂尔多斯市鄂托克旗北部、杭锦旗西部。

三耐特性：为旱生砾石生植物。耐旱，耐寒，耐高温，适合在砾石性覆沙地做固沙及生态修复植物，是亿利集团在多年治沙实践中经常使用的树种，抗风沙表现良好。

经济价值：骆驼、山羊乐意采食其枝叶。属于中等饲用植物。

4. 木蓼

学名：*Atraphaxis frutescens*（L.）Eversm.

科属：蓼科 木蓼属

花期　　　　　　　　　　　　　　花枝

木蓼

形态特征：植株高 50~100 cm，多分枝；小枝开展或向上，呈灰白色或灰褐色，木质化，顶端生叶和花，无刺；老枝呈灰褐色，外皮条状剥裂。叶互生，无柄或具短柄，呈狭披针形、披针形、椭圆形或倒卵形，全缘或稍有齿牙。总状花序顶生当年生小枝末端。瘦果呈卵形，具 3 棱，呈暗褐色，有光泽。花果期为 6—8 月份。

生境分布：生于荒漠带石质丘陵坡地、干河床和覆沙戈壁。分布于我国内蒙古、新疆等地；蒙古、俄罗斯也有。内蒙古见于阿拉善盟，鄂尔多斯市杭锦旗。

三耐特性：为旱生植物。耐寒，耐旱，耐高温，耐瘠薄，适合在覆沙荒漠及沙地做防沙固沙植物。本种是亿利集团进行生态修复的重要植物种类之一。

经济价值：绵羊、山羊采食其枝叶，冬季无叶，只有骆驼采食枝条。茎枝入蒙药，能化热、调元、表疹，主治瘟病、感冒发热、痛风、游痛症、麻疹、风湿性关节炎、疮疡。

5. 柠条锦鸡儿

学名：*Caragana korshinskii* Kom.

别名：柠条 白柠条 大白柠条 毛条

科属：豆科 锦鸡儿属

植株　　　　　　　　　　花枝

柠条锦鸡儿

形态特征：灌木，高 1.5~3 m，树干基部直径为 3~4 cm。树皮呈金黄色，有光泽；枝条细长，小枝呈灰黄色，具条棱，密被绢状柔毛。长枝上的托叶宿存并硬化成针刺状；小叶为羽状排列，呈倒披针形或矩圆状倒披针形；花冠为黄色。荚果为披针形或矩圆状披针形，略扁，呈深红褐色，顶端短渐尖。花期为 5—6 月份，果期为 6—7 月份。

生境分布：生于荒漠草原和荒漠带的流动、半固定沙丘。分布于我国内蒙古、宁夏、甘肃等地区；蒙古也有。内蒙古见于巴彦淖尔市，乌海市，阿拉善盟，鄂尔多斯市杭锦旗库布其沙漠西段、鄂托克旗西部、鄂托克前旗西部。

三耐特性：为经典旱生沙生植物。耐寒，耐旱，耐高温，耐刈割。多年来，亿利集团将其作为各类沙区和荒漠区不可或缺的固沙造林树种在生态修复中广泛使用，取得了明显的生态修复效果。其生态适应性、栽植利用面积和生物量保有量在与其他生态修复物种的横向比较中都位列前茅。

　　经济价值：羊在春季采食其幼嫩枝叶，夏秋采食较少，秋霜后又开始喜食。马、牛采食较少。群众多用作农田防护植物，并能沤作绿肥。刈割后制成干草粉，可代饲料用，为中等饲用植物。

6. 细枝山竹子

学名：*Corethrodendron scoparium*（Fisch. et C. A. Mey.）Fisch. et Basiner

别名：花棒

科属：豆科 山竹子属

植株　　　　　　　　　　　　　　　　花枝

细枝山竹子

形态特征：半灌木，高可达 3 m。茎和下部枝呈紫红色或黄褐色，皮剥落，多分枝；嫩枝呈绿色或黄绿色，具纵沟。单数羽状复叶；小叶呈矩圆状椭圆形或条形。总状花序腋生，花少数，排列疏散；花为紫红色。荚果有荚节，荚节近球形，膨胀，密被白色毡状柔毛。花期为 6—8 月份，果期为 8—9 月份。

生境分布：为荒漠和半荒漠地区的优势植物或伴生植物，在固定及流动沙丘均有生长。分布于我国内蒙古、宁夏、甘肃、青海和新疆等地区；蒙古、俄罗斯也有。内蒙古见于阿拉善盟阿拉善左旗与右旗，鄂尔多斯市毛乌素沙地、伊金霍洛旗、鄂托克旗桌子山。

三耐特性：为嗜沙型旱生沙生植物。耐旱，耐寒，耐高温，抗沙打，抗沙埋，是沙区栽培应用广泛的优良生态修复物种。经亿利集团几十年的栽植利用和治沙实践检验，本物种已经成为治理流动沙丘和半固定沙丘的先锋树种和经典物种。

经济价值：本种枝叶骆驼和羊喜食，适时调制的干草，为各种家畜喜食，饲用品质好。

7. 塔落山竹子白

学　名：*Corethrodendron lignosum var. laeve*（Maxim.）L. R. Xu et B. H. Choi

别名：杨柴

植株

花枝

塔落山竹子白

科属：豆科 山竹子属

形态特征：半灌木，高 1~2 m。茎直立，多分枝，开展。树皮呈灰黄色或灰褐色，常呈纤维状剥落。小枝呈黄绿色或灰绿色，疏被平伏的短柔毛，具纵条棱。单数羽状复叶，上部的叶具少数小叶，中下部的叶具多数小叶；枝上部小叶疏离，呈条形或条状矩圆形，枝中部及下部小叶呈矩圆形、长椭圆形或宽椭圆形。总状花序腋生；花为紫红色。荚果通常具荚节，荚节为矩圆状椭圆形，两面扁平，具隆起的网状脉纹，无毛。花期为 6—10 月份，果期为 9—10 月份。

生境分布：生于草原区以及荒漠草原的半固定、流动沙丘或黄土丘陵覆沙地。分布于我国内蒙古、宁夏、陕西北部。内蒙古见于乌兰察布市，呼和浩特市，巴彦淖尔市，鄂尔多斯市毛乌素沙地、库布其沙漠东部。

三耐特性：为嗜沙型中旱生沙生植物。耐寒，耐旱，抗沙埋，覆盖度高，耐刈割，是生态幅比较宽泛、生态性能和经济利用性能良好的固沙植物。亿利集团在国内各类沙区几十年的生态修复工作中广泛栽培使用，已经取得了良好的综合效益。

经济价值：绵羊、山羊喜食其嫩枝叶、花序和果枝。骆驼一年四季均采食。在花期刈制的干草各种家畜均喜食，属于优等饲用植物。

8. 驼绒藜

学名：*Krascheninnikovia ceratoides*（L.）Gueldenst.

别名：优若藜

科属：苋科 驼绒藜属

植株

枝条

驼绒藜

形态特征：植株高 0.3~1 m，分枝多集中于下部。叶较小，呈条形、条状披针形、披针形或矩圆形。雄花序较短而紧密；雌花管呈椭圆形，密被星状毛。胞果呈椭圆形或倒卵形，被毛。花果期为 6—9 月份。

生境分布：生于草原区西部和荒漠区沙质、沙砾质土壤，为小针茅草原的伴生种，在草原化荒漠可形成大面积的驼绒藜群落，也出现在其他荒漠群落中。分布于我国内蒙古、甘肃、青海、新疆、西藏；国外分布较广，在整个欧亚大陆的干旱地区均有分布。内蒙古见于锡林郭勒盟，乌兰察布市，巴彦淖尔市，阿拉善盟，鄂尔多斯市鄂托克旗大部、杭锦旗西部、伊金霍洛旗、鄂托克前旗。

三耐特性：为强旱生植物。耐寒，耐旱，耐瘠薄，土壤适应性和生态幅宽泛，是干旱的沙区和荒漠地区优良的经济利用型生态修复植物。亿利集团经多年生态修复工作的广泛利用，证实其三耐性能和经济利用性能可靠，具有可预期的发展潜力和开发前景。

经济价值：为优等饲用植物。家畜采食其当年生枝条。在各种家畜中，骆驼与山羊、绵羊四季均喜食，而以秋冬最为喜食。绵羊与山羊除喜食其嫩枝条，亦喜采食其花序。马四季均喜采食。对牛，其适口性较差。本种含有较多量的粗蛋白质及钙，无氮浸出物的含量亦甚多，为富有营养价值的植物。尤其在越冬期间，本种尚含有较多的蛋白质，且冬季地上部分保存良好，这对家畜冬季饲养具有一定意义。

9. 珍珠猪毛菜

学名：*Salsola passerina* Bunge

别名：珍珠柴 雀猪毛菜

科属：苋科 猪毛菜属

植株

花枝

珍珠猪毛菜

形态特征：植株高 15~30 cm。根粗壮，木质化，常弯曲，外皮呈暗褐色或灰褐色，不规则剥裂。茎弯曲，常劈裂，树皮呈灰色或灰褐色，不规则剥裂，多分枝。老枝呈灰褐色，有毛；嫩枝黄褐色，常呈弧形弯曲，密被鳞片状"丁"字形毛。叶互生，锥形或三角形，肉质，密被鳞片状"丁"字形毛，叶腋和短枝着生球状芽，亦密被毛。花序穗状，着生于枝条上部。胞果呈倒卵形；种子为圆形，横生或直立。花果期为 6—10 月份。

生境分布：生于荒漠区的砾石质、沙砾质戈壁或黏土壤。荒漠建群种之一，组成优势群落类型。分布于我国内蒙古、宁夏、甘肃、青海；蒙古也有。内蒙古见于锡林郭勒盟，乌兰察布市，巴彦淖尔市，阿拉善盟，鄂尔多斯市鄂托克旗北部、杭锦旗西部、鄂托克前旗西部。

三耐特性：为超旱生植物。极耐旱，耐寒，耐轻中度盐碱化土壤，是沙区和荒漠地区常用的生态修复植物。亿利集团长期用本种在干旱化盐生荒漠开展生态修复工作，种植成活率高，生态效果突出。

经济价值：为放牧场的良等饲用植物，是骆驼的主要饲料之一，青鲜或干枯后为骆驼所喜食，绵羊、山羊在青鲜时乐食，干枯后利用较差，牛、马采食较差。种子含油量约17%，供制工业用油。

10. 木本猪毛菜

学名：*Salsola arbuscula* Pall.

别名：白木本猪毛菜

科属：苋科 猪毛菜属

木本猪毛菜

形态特征：植株高 40~100 cm。茎多分枝，开展；老枝呈灰褐色，粗糙，有纵裂纹，幼枝呈乳白色，有光泽，无毛。二年生以上枝条顶端多硬化成刺。叶互生，呈狭条形，具棱条。花单生于苞腋，通常在茎及枝的上端排列成穗状花序。胞果呈倒圆锥形，果皮膜质，黄褐色；种子横生，直径 2~2.5 mm。

生境分布：生于覆沙戈壁和干河床。在荒漠群落中多为伴生种，有时也成为优势植物。我国内蒙古、宁夏、甘肃、新疆有分布；蒙古、俄罗斯、哈萨克斯坦、伊朗也有。内蒙古见于巴彦淖尔市、阿拉善盟、鄂尔多斯市西鄂尔多斯国家级自然保护区。

三耐特性：为超旱生植物。极耐旱，耐寒，可耐轻中度盐碱化土壤，是荒漠地区和固定沙地优良的生态修复植物。亿利集团常用该种作为荒漠生态修复的重点物种之一，取得了良好的效果。

经济价值：为中等饲用植物，几乎全年为骆驼采食，山羊、绵羊喜食嫩枝。

11. 松叶猪毛菜

学名：*Salsola laricifolia* Turcz. ex Litv.

科属：苋科 猪毛菜属

果枝

花枝

松叶猪毛菜

形态特征：植株高 40~90 cm，多分枝；老枝呈深灰色或黑褐色，开展，多硬化成刺状；幼枝呈淡黄白色或灰白色，有光泽，常具纵裂纹。叶互生或簇生，条状半圆形。花单生于苞腋，在枝顶排列成为穗状花序。胞果呈倒卵形；种子横生。花期为 6—8 月份，果期为 9—10 月份。

生境分布：生于石质低山残丘，广布于亚洲中部荒漠，是草原化石质荒漠群落的主要优势种。在狼山、桌子山、雅布赖等地的低山带形成松叶猪毛菜草原化荒漠群落。也呈伴生种见于石质、砾石质典型荒漠群落中。分布于我国内蒙古、宁夏、甘肃、新疆；蒙古、俄罗斯也有。内蒙古见于锡林郭勒盟，乌兰察布市，巴彦淖尔市，阿拉善盟，乌海市，鄂尔多斯市鄂托克旗北部、杭锦旗西部。

三耐特性：为强旱生砾石生植物。极耐旱，耐寒，耐轻度盐碱化土壤，是石质、砾石质荒漠生态修复的优良植物。亿利集团主要将其应用于荒漠化土地的生态修复工作中，取得了良好的生态修复效果。

经济价值：为中等饲用植物，骆驼全年乐食其嫩枝和叶，羊、牛也少量采食其枯枝叶。

12. 沙蓬

学名：*Agriophyllum squarrosum* (L.) Moq.

科属：苋科 沙蓬属

植株

枝条

沙蓬

形态特征：植株高 15~50 cm。茎坚硬，为浅绿色，具不明显条棱，幼时全株密被分枝状毛，后脱落；多分枝，最下部枝条通常对生或轮生，平卧，上部枝条互生，斜展。叶无柄，呈披针形或条形。花序为穗状，紧密，呈宽卵形或椭圆状。胞果呈圆形或椭圆形；种子近圆形，扁平，光滑。花果期为 8—10 月份。

生境分布：生于流动、半固定沙丘。在草原区沙地和沙漠中分布极为广泛，往往可以形成大面积的先锋植物群聚。分布于我国黑龙江、吉林、辽宁、河北、河南、山西、内蒙古、陕西、甘肃、宁夏、青海、新疆和西藏；蒙古、俄罗斯也有。内蒙古除呼伦贝尔市林区和农区外均产，鄂尔多斯见于全市。

三耐特性：为一年生典型沙生植物，也是嗜沙型沙漠先锋植物。种子萌发力甚强且快，在流动沙丘上遇雨便萌发，具有特殊的先期固沙性能，故在荒漠地带是一种先锋固沙植物。常作为干旱区和半干旱区的流动、半固定沙丘的先期固沙物种。亿利集团在多年的治沙和生态修复工作实践中广泛使用，在流动、半固定沙丘的生态修复中，该物种作为先期使用的先锋物种，起到了举足轻重的作用。

经济价值：种子做蒙药用，能发表解热，主治感冒发热、肾炎。为良等饲用植物。骆驼终年喜食。山羊、绵羊仅乐食其幼嫩的茎叶，牛、马采食较差。种子可做精料补饲家畜，或磨粉后，煮熬成糊，喂缺奶羔羊，做幼畜的代乳品。此外，农牧民常采收其种子食用。

13. 绳虫实

学名：*Corispermum declinatum* Stephan ex Iljin.

科属：苋科 虫实属

植株　　　　　　　　　　　　　枝条

绳虫实

形态特征：一年生沙生植物。植株高15~50 cm。茎直立,稍细弱,分枝多,最下部者较长,斜升,呈绿色或带红色,具条纹。叶为条形。穗状花序细长,稀疏。果实呈倒卵状矩圆形,中部以上较宽,顶端锐尖,稀近圆形,基部为圆楔形,背面中央稍扁平,腹面凹入。花果期为6—9月份。

生境分布：多生于草原区沙质土壤和固定沙丘。分布于我国内蒙古、辽宁、河北、山西、陕西、甘肃、新疆；蒙古、俄罗斯、哈萨克斯坦也有。内蒙古见于赤峰市、锡林郭勒盟、乌兰察布市、鄂尔多斯市。

三耐特性：为中旱生植物。耐寒,耐旱,耐瘠薄。常作为沙地先锋植物用于沙区生态修复。亿利集团在库布其沙漠的治沙实践中,将其作为治沙先锋植物广泛使用,与沙蓬合并使用时,其先期介入的生态功用明显,起到了明显的生态修复和治沙的基础效果。

　　经济价值：在青鲜时，为骆驼所食，绵羊、山羊少量采食；秋、冬季骆驼喜食，马稍食，牛通常不食。籽实营养全面而丰富，可做精饲料，补饲瘦弱家畜及仔畜，属于良等饲用植物。

14. 烛台虫实

学名：*Corispermum candelabrum* Iljin

别名：乌丹虫实

科属：苋科 虫实属

烛台虫实

形态特征：植株高 6~60 cm。茎直立，粗壮，为圆柱形，果期为绿色或微紫色，疏被毛或无毛；分枝多集中于基部，斜升，有时呈灯架状弯曲。叶为条形至宽条形，先端渐尖，基部渐狭。穗状花序呈棍棒状或圆柱状，上部较粗宽，下部渐变细。果实呈矩圆状倒卵形或宽椭圆形。花果期为 7—9 月份。

生境分布：生于阔叶林区、草原区的半固定沙丘上。分布于我国内蒙古、辽宁、河北。内蒙古见于赤峰市，锡林郭勒盟，呼和浩特市，鄂尔多斯市杭锦旗、鄂托克旗、乌审旗。

三耐特性：为一年生沙生植物。耐寒，耐旱，耐高温，是良好的沙漠先锋植物。亿利集团将其作为固沙先锋植物，与沙蓬等其他沙漠先锋植物共同用于库布其沙漠及其他沙区的生态修复，其先期介入的生态效果明显。

经济价值：在青鲜时，为骆驼所食，绵羊、山羊少量采食；秋、冬季骆驼喜食，马稍食，牛通常不食，籽实可做精饲料。

15. 多枝柽柳

学名：*Tamarix ramosissima* Ledeb.

别名：红柳

科属：柽柳科 柽柳属

多枝柽柳

形态特征：灌木或小乔木，通常高2~3 m，多分枝。去年生枝呈紫红色或红棕色。叶呈披针形或三角状卵形，几乎贴于茎上。总状花序生当年枝上，组成顶生的大型圆锥花序；花瓣呈粉红色或紫红色。蒴果为长圆锥形。种子多数，顶端簇生毛。花期为5—8月份，果期为6—9月份。

生境分布：多生于盐渍低地、古河道及湖盆边缘。分布于我国内蒙古、宁夏、甘肃等地；阿富汗、土耳其、伊朗、蒙古、俄罗斯也有。内蒙古见于乌兰察布市南部、巴彦淖尔市南部、阿拉善盟、鄂尔多斯市全市。

三耐特性：为耐盐潜水旱生植物。耐寒，耐盐碱，抗水湿，抗风沙，生态幅宽泛，土壤适应性强，是沙区盐碱滩地、盐渍化低地防风固沙的优良树种。亿利集团在多年开展的黄河锁边林建设过程中，大量使用该种作为盐碱滩地生态修复的主要物种，取得预期效果。

经济价值：茎干可做农具；枝条柔韧，富弹性，耐腐蚀，可供编筐、篓、笆子等；嫩枝含单宁，可提取鞣料；嫩枝、叶入药，能疏风解表、透疹，主治麻疹不透、感冒、风湿寒性关节痛、小便不利，外用治风疹瘙痒。嫩枝也做蒙药用，能解毒、清热、透疹，主治陈热、毒热、热症扩散、血热、麻疹。在春季刚萌发新枝叶时，骆驼喜食其嫩枝。秋霜后，羊喜食其花序和落枝、落叶，属于中等饲用植物。

16. 柽柳

学名：*Tamarix chinensis* Lour.

科属：柽柳科 柽柳属

柽柳

形态特征：灌木或小乔木，高 2~5 m。老枝呈深紫色或紫红色。叶呈披针形或披针状卵形，平贴于枝或稍开张。花由春季到秋季均可开放，春季的总状花序侧生于去年枝上，夏、秋季总状花序生于当年枝上，常组成顶生圆锥花序。花小，花瓣粉红色，矩圆形或倒卵状矩圆形。蒴果圆锥形。花期为 5—9 月份。

生境分布：生于湿润盐碱地、河岸冲积地及草原带的沙地。分布于我国内蒙古、辽宁、河北等地。内蒙古见于通辽市南部，赤峰市东南部，乌兰察布市南部，鄂尔多斯市准格尔旗、达拉特旗、杭锦旗。

三耐特性：为耐盐潜水旱生植物。耐寒，耐盐碱，抗水湿，抗风沙，生态幅宽泛，土壤适应性强，是沙区盐碱滩地、盐渍化低地防风固沙的优良树种。亿利集团在多年开展的黄河锁边林建设和各类盐碱地以及西北地区的生态修复和生态建设过程中，使用该种作为盐碱滩地生态修复的主要物种，取得预期效果。

经济价值：嫩枝、叶入药，能疏风解裂、透疹，主治麻疹不透、感冒、风湿寒性关节痛、小便不利，外用治风疹瘙痒。嫩枝也做蒙药用，能解毒、清热、透疹，主治陈热、毒热、热症扩散、血热、麻疹。枝柔韧，可供编筐、篮等用。骆驼乐食其幼嫩枝条，属于中等饲用植物，亦可做庭园栽培树种。

17. 甘蒙柽柳

学名：*Tamarix austromongolica* Nakai

科属：柽柳科 柽柳属

植株

花枝

甘蒙柽柳

形态特征：灌木或小乔木，高 2~5 m。老枝呈深紫色或紫红色，枝质硬，常直立或斜升，幼嫩枝叶常为粉绿色。叶为矩圆形或矩圆状披针形，明显开张。花由春季到秋季均可开放，春季的总状花序侧生于去年枝上，夏、秋季总状花序生于当年枝上，常组成顶生圆锥花序。花小，花瓣为粉红色，呈矩圆形或倒卵状矩圆形。蒴果呈圆锥形。花期为 5—9 月份。

生境分布：多生于盐碱沙荒地及灌溉盐碱地边。分布于我国内蒙古、甘肃、宁夏等地。内蒙古见于乌兰察布市，巴彦淖尔市，鄂尔多斯市杭锦旗、乌审旗、鄂托克旗、达拉特旗。

三耐特性：为耐盐潜水旱生植物。耐寒，耐盐碱，抗水湿，抗风沙，抗病，生态幅宽泛，土壤适应性强，是沙区盐碱滩地、盐渍化低地防风固沙的优良树种。亿利集团在多年开展的黄河锁边林建设、黄河滩地生态建设以及沿黄沙地生态修复工作过程中，使用该种作为盐碱滩地生态修复的主要物种，取得预期效果。

经济价值：嫩枝、叶入药，能疏风解裂、透疹，主治麻疹不透、感冒、风湿寒性关节痛、小便不利，外用治风疹瘙痒。嫩枝也做蒙药用，能解毒、清热、透疹，主治陈热、毒热、热症扩散、血热、麻疹。枝柔韧，可供编筐、篮等用。骆驼乐食其幼嫩枝条，属于中等饲用植物，亦可做庭园栽培树种。

18. 小果白刺

学名：*Nitraria sibirica* Pall.

别名：西伯利亚白刺

科属：白刺科 白刺属

小果白刺

形态特征：灌木，高 0.5~1 m。多分枝，弯曲或直立，有时横卧，被沙埋压形成小沙丘，枝上生不定根；小枝呈灰白色,尖端刺状。叶在嫩枝上簇生，呈倒卵状匙形，全缘。花小、黄绿色，排成顶生蝎尾状花序；花瓣为白色。核果近球形或椭圆形,熟时呈暗红色,果汁呈暗蓝紫色;果核为卵形,先端尖。花期为 5—6 月份，果期为 7—8 月份。

生境分布：生于轻度盐渍化低地、湖盆边缘、干河床边，可成为优势种并形成群落。在荒漠草原及荒漠带，株丛下常形成小沙堆。分布于我国内蒙古、吉林、辽宁等地；蒙古、俄罗斯也有。内蒙古见于呼伦贝尔市、兴安盟、锡林郭勒盟、乌兰察布市、巴彦淖尔市、阿拉善盟、呼和浩特市、乌海市、鄂尔多斯市。

三耐特性：为耐盐旱生植物。耐寒，耐旱，耐盐碱，抗沙埋，抗沙打，能积沙而形成小型白刺沙堆，固沙能力较强，是盐碱地和盐碱化覆沙地广泛栽培利用的重要固沙植物和生态修复物种。亿利集团多年来应用该种在覆沙盐碱滩地和沙丘间盐渍化低地进行生态修复，取得预期效果。该种是不可多得的保健饮品原料，因此利用其进行经济型生态林建设也是亿利集团开发研究的项目之一。

经济价值：果实入药，能健脾胃、滋补强壮、调经活血，主治身体瘦弱、气血两亏、脾胃不和、消化不良、月经不调、腰腿疼痛等。果实也做蒙药用，能健脾胃、助消化、安神解表、下乳，主治脾胃虚弱、消化不良、神经衰弱、感冒。果实还可制饮料、造酒、做果酱。绵羊、山羊采食嫩枝和叶，乐食其果。骆驼在夏秋季节乐食其嫩枝。

19. 白刺

学名：*Nitraria tangutorum* Bobrov

别名：唐古特白刺

科属：白刺科 白刺属

植株　　　　　　　　　　　　　　果枝

白刺

形态特征：灌木，高 1~2 m。多分枝，开展或平卧；小枝为灰白色，先端常成刺状。叶通常 2~3 片簇生，呈宽倒披针形或长椭圆状匙形，全缘。花序顶生，黄白色。核果呈卵形或椭圆形，熟时为深红色，果汁为玫瑰色；果核为卵形，上部渐尖。花期为 5—6 月份，果期为 7—8 月份。

生境分布：是荒漠草原到荒漠带沙地上的重要建群植物之一，经常见于古河床阶地、内陆湖盆边缘、盐渍化低洼地的芨芨草滩外围等处。分布于我国内蒙古、西藏等地。内蒙古见于锡林郭勒盟，巴彦淖尔市西部，阿拉善盟，乌海市，鄂尔多斯市杭锦旗、鄂托克旗、鄂托克前旗、乌审旗。

三耐特性：为耐盐潜水旱生植物。耐寒，耐盐碱，耐高温，抗沙打，抗沙埋，常能形成中至大型的白刺沙堆，是盐碱地和盐碱化覆沙地广泛栽培利用的重要固沙植物和生态修复物种。亿利集团多年来应用该种在覆沙盐碱滩地和沙丘间盐渍化低地进行生态修复，取得预期效果。该种也是不可多得的保健饮品原料，因此利用其进行经济型生态林建设也是亿利集团开发研究的项目之一。

经济价值：果实入药，能健脾胃、滋补强壮、调经活血，主治身体瘦弱、气血两亏、脾胃不和、消化不良、月经不调、腰腿疼痛等。果实也做蒙药用，能健脾胃、助消化、安神解表、下乳，主治脾胃虚弱、消化不良、神经衰弱、感冒。骆驼采食其嫩枝和叶，羊乐食其成熟的果实，属于低等饲用植物。

20. 大白刺

学名：*Nitraria roborowskii* Kom.

别名：齿叶白刺 罗氏白刺

科属：白刺科 白刺属

大白刺

形态特征：灌木，高1～2 m。枝多数，为白色，略有光泽，顶端呈针刺状。叶通常2～3片簇生，呈倒卵形、宽倒披针形或长椭圆状匙形，全缘或有不规则的2～3齿裂。花较稀疏。核果近椭圆形或不规则，熟时为深红色，果汁为紫黑色；果核为长卵形，先端钝。花期为6月份，果期为7—8月份。

生境分布：与白刺的生境分布几乎一致，多生长在绿洲和低地的边缘，以及农区的渠畔、田边、防护林缘等地下水条件较好的地方。分布于我国内蒙古、宁夏、甘肃等地；蒙古、俄罗斯也有。内蒙古见于巴彦淖尔市西部，阿拉善盟，乌海市，鄂尔多斯市杭锦旗、鄂托克旗。

三耐特性：为耐盐潜水旱生植物。耐盐碱，耐寒，抗风沙，在低湿盐碱地和覆沙盐碱滩地生态修复中广泛栽培利用，也是亿利集团在盐渍化低地进行生态修复和土壤改造的主要物种之一，使用效果良好。

经济价值：固沙植物，果可食，也可做饲料。骆驼乐食，羊少食，属于中等饲用植物。

21. 泡泡刺

学名：*Nitraria sphaerocarpa* Maxim.

别名：球果白刺 膜果白刺

科属：白刺科 白刺属

泡泡刺

形态特征：灌木，枝平卧，长25～50 cm。茎为弧形弯曲，不孕枝先端为刺状，老枝呈黄褐色，嫩枝呈乳白色。叶2～3片簇生，呈宽条形或倒披针状条形。花瓣为白色。果在未熟时为披针形，顶端渐尖，密被黄褐色柔毛，成熟时果皮膨胀成球形；果核狭窄，纺锤形，顶端渐尖。花期为5—6月份，果期为6—7月份。

生境分布：是阿拉善沙砾质戈壁上荒漠群落的主要建群种之一。亦生长在石质残丘的坡地和干河床边缘，但在干旱季节时呈半休眠状态。分布于我国内蒙古、甘肃、新疆；蒙古也有。内蒙古见于巴彦淖尔市，阿拉善盟，鄂尔多斯市杭锦旗、鄂托克旗、鄂托克前旗、乌审旗。

三耐特性：为超旱生植物。极耐旱，耐高温，抗沙打、沙埋，也有固沙作用，是西北地区沙砾质荒漠进行生态修复的优良物种。与西北地区其他几种同属植物相比，耐旱、耐高温性能更加突出，而且对沙砾质或石质土壤具有较强的针对性、适应性。亿利集团将该物种引入西北地区多项生态修复项目中，取得了良好的应用效果。

经济价值：骆驼乐食其嫩枝叶，羊少食，属于中等饲用植物。

22. 盐爪爪

学名：*Kalidium foliatum*（Pall.）Moq.

别名：灰碱柴

科属：苋科 盐爪爪属

盐爪爪

形态特征：植株高20～50 cm。茎直立或斜生，多分枝；枝为灰褐色，幼枝稍为草质，带黄白色。叶呈圆柱形，灰绿色。花序呈穗状，圆柱状或卵形。胞果为圆形，直径约为1 mm，红褐色；种子与果同形。花果期为7—8月份。

生境分布：广布于草原区和荒漠区的盐碱土上，尤喜潮湿疏松的盐土，经常在湖盆外围、盐渍化低地和盐化沙地上形成大面积的盐湿荒漠，也以伴生种或亚优势种的形式出现于芨芨草盐化草甸中。分布于我国内蒙古、黑龙江、河北、宁夏、甘肃、青海、新疆；蒙古、俄罗斯也有。内蒙古见于呼伦贝尔市、锡林郭勒盟、巴彦淖尔市、阿拉善盟、鄂尔多斯市。

三耐特性：为盐生植物。耐寒，耐重度盐碱化土壤环境，生态幅宽泛。常作为西北地区盐碱土改良和盐湿荒漠生态修复用植物。亿利集团利用该种在盐碱滩地和覆沙盐渍化低地进行生态修复，取得预期效果。

经济价值：早春幼枝中盐碱成分少，骆驼采食、山羊少食、绵羊偶食。虽然适口性在青草时较差，但分布广泛，生长数量较大，生长于许多平原区骆驼群及羊群的冷季主要放牧地段，加之冷季适口性有所提高，残留较好，具有中等饲用价值。

23. 细枝盐爪爪

学名：*Kalidium gracile* Fenzl

别名：碱柴

科属：苋科 盐爪爪属

细枝盐爪爪

形态特征：植株高 20~50 cm。茎直立，多分枝；老枝呈红褐色或灰褐色，幼枝纤细，黄褐色。叶不发达，瘤状，先端钝，基部狭窄，为黄绿色。花序呈穗状、圆柱状，细弱。胞果为卵形；种子与果同形。花果期为 7—8 月份。

生境分布：生于草原区和荒漠区的盐湖外围和盐碱土上。散生或群集，可为盐湖外围、河流尾端低湿洼地的建群种，形成盐湿荒漠；也可进入芨芨草盐化草甸，为伴生成分。分布于我国内蒙古、新疆；蒙古也有。内蒙古见于呼伦贝尔市，锡林郭勒盟，乌兰察布市，巴彦淖尔市，阿拉善盟，鄂尔多斯市杭锦旗、鄂托克旗、达拉特旗。

三耐特性：为盐生植物。耐寒，耐重度盐碱化环境，常用于盐碱土改良和盐湿荒漠的生态修复。亿利集团利用该种在西北地区的盐碱滩地和覆沙盐渍化低地进行生态修复，取得了良好效果。

经济价值：为中等饲用植物。一年四季为骆驼所喜食，干枯后绵羊、山羊乐食，马稍食，牛通常不食，其他家畜均不食。

24. 盐地碱蓬

学名：*Suaeda salsa*（L.）Pall.

别名：黄须菜 翅碱蓬

科属：苋科 碱蓬属

盐地碱蓬

形态特征：一年生草本，高 20～80 cm，绿色，晚秋变为红紫色或墨绿色。茎直立，呈圆柱形，无毛，有红紫色条纹；上部多分枝或由基部分枝，枝细弱，有时茎不分枝。叶为条形，半圆柱状。团伞花序，花两性或兼有雌性。种子横生，双凸镜形或斜卵形，黑色，表面有光泽，网点纹不清晰或仅边缘较清晰。花果期为 8—10 月份。本种常常随生态条件变异，植株大小、分枝状况有很大变化。

生境分布：生于盐碱或盐湿土壤。星散或群集分布。在盐碱湖滨、河岸、洼地常形成群落。亚洲、欧洲均广为分布。分布于我国东北、华北、西北及华东等地。内蒙古见于除大兴安岭林区以外的全区各地。

三耐特性：为典型盐生植物。耐寒，耐高温，耐重度盐碱化土壤环境，常用于盐碱土改良和盐湿荒漠生态修复。亿利集团利用该种在西北地区的盐碱滩地和覆沙盐渍化低地进行生态修复，取得了良好效果。由于其籽实具有营养丰富、保健促壮的特点，因此该种也是较重要的经济型生态修复物种和建设经济型生态区域的重要物种。亿利集团据此已开始对其进行相关研究开发工作。

经济价值：是较好的饲用植物，具有催肥、促壮作用。粉碎全株加糠并在水中浸泡 48 h，做成黄须糠饲喂猪、鸡、鸭、鹅等效果好，也可饲喂牛、羊、兔；秋后植株结实成熟时，牛、羊采食其细枝叶。籽实可榨油后制饼粕，作为代用精饲料。

25. 碱蓬

学名：*Suaeda glauca* (Bunge) Bunge

别名：灰绿碱蓬

科属：苋科 碱蓬属

植株

花枝

碱蓬

形态特征：一年生草本,高可达 1 m。茎直立,为圆柱形,浅绿色,具条纹,上部多分枝, 分枝细长, 斜升或开展。叶为条形, 半圆柱状或扁平, 灰绿色。花两性,单生或 2~5 朵簇生于叶腋的短柄上,或呈团伞状。胞果有两型,其一扁平, 圆形；另一呈球形。种子近圆形, 横生或直立, 有颗粒状点纹,黑色。花期为 7—8 月份,果期为 9 月份。

生境分布：生于盐渍化和盐碱湿润的土壤上, 群集或零星分布, 能形成群落或层片。分布于我国东北、华北、西北等地；朝鲜、日本、俄罗斯、蒙古也有。内蒙古见于呼伦贝尔市、赤峰市、乌兰察布市、呼和浩特市、包头市、巴彦淖尔市、阿拉善盟、鄂尔多斯市。

三耐特性：为典型盐生植物。耐寒，耐较重度的盐碱化土壤环境，生态幅宽泛，常用于盐碱化土壤改良和盐湿荒漠生态修复。亿利集团利用该种在西北地区的盐碱滩地和覆沙盐渍化低地进行生态修复，取得了良好效果。

经济价值：为低等饲用植物。骆驼乐食，山羊、绵羊采食较少，干枯后不吃。是一种良好的油料植物，种子油可做肥皂和油漆等。此外，全株含有丰富的碳酸钾，在印染、玻璃制造等行业中可做多种化学制品的原料。

第十二章

库布其模式的理论思考

　　"坚持人与自然和谐共生。建设生态文明是中华民族永续发展的千年大计。必须树立和践行绿水青山就是金山银山的理念，坚持节约资源和保护环境的基本国策，像对待生命一样对待生态环境，统筹山水林田湖草系统治理，实行最严格的生态环境保护制度，形成绿色发展方式和生活方式，坚定走生产发展、生活富裕、生态良好的文明发展道路，建设美丽中国，为人民创造良好生产生活环境，为全球生态安全作出贡献。"习近平总书记在党的十九大报告中宣示了中国新时代绿色发展主题。内蒙古杭锦旗库布其沙漠孕育的"库布其模式"，正是中国乃至全球构建尊崇自然、绿色发展的生态体系的典范。

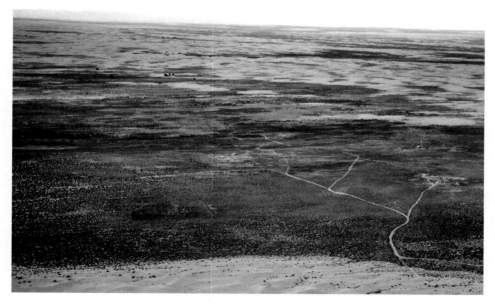

2014 年，绿色已覆盖了库布其大片沙漠

　　"库布其模式"以绿色发展理念为指引，以经济过程与生态过程有机融合为特征，以人与自然和谐共生为追求，创造了巨大的绿色财富，是建设

美丽中国的生动实践、科学实践、成功实践，是建设美丽世界的中国成就、中国智慧、中国方案。全面深入总结和充分运用"库布其模式"，对中华民族和人类社会永续发展具有十分重要的意义。

2018 年 8 月 6—8 日，人民日报、新华社、中央电视台连续 3 天对亿利集团库布其治沙进行了专题报道。新华社连续播发长篇通稿《绿富同兴画卷在沙海中铺展——库布其沙漠生态治理纪实》《面朝沙海 春暖花开》《天空之眼瞰库布其沙漠》《库布其治沙"黑科技"创新显威力》，介绍了库布其在沙漠治理、产业发展、技术进步和民生改善等方面取得的成就，人民日报评论员文章《书写防沙治沙的绿色传奇》特别指出，亿利集团是"库布其治沙的主力军和领头羊"。

一、库布其模式的理论体系成熟于中国特色社会主义新时代

"库布其模式"萌发于中国社会主义建设时期，快速发展于改革开放新时期，成型成熟于中国特色社会主义新时代。新时代，是"库布其模式"成型成熟的历史方位；绿色发展理念和美丽中国目标的提出，使"库布其模式"具有无比广阔的发展前景。尤其是习近平新时代中国特色社会主义思想，直接促进了"库布其模式"走向成熟。以习近平同志为核心的党中央把生态文明建设置于"五位一体"总体布局，坚定不移地树立、落实新发展理念，为建设美丽中国、实现中华民族永续发展提供了基本遵循和根本保障。亿利人既是习近平生态文明建设思想的忠实拥护者、坚定践行者，也是直接受益者。中央媒体评价，亿利集团始终顺应时代潮流，历经多次蜕变，紧紧抓住当代中国经济社会发展的历史机遇，迎来了生态文明新时代，为实现人与自然和谐共生提供了生动范例，为建设美丽世界提供了中国方案，贡献了中国智慧。

仙鹤在翩翩起舞

二、"库布其模式"是践行习近平生态文明思想的生动范例

一是库布其治沙践行了习近平生态文明思想"坚持人与自然和谐共生"的科学自然观，实现了沙区生存、生产、生活的根本性转变。

库布其沙漠的出现，本质上就是人与自然不能和谐共生的结果。库布其地区在历史上曾经是"风吹草低见牛羊"的大美之地，后来，人类过度的活动破坏了这一地区的生态平衡，从而出现了沙漠，形成了沙害，严重危及当地百姓的生产生活，危及黄河的运行安全，危及中国北方地区的生态安全。亿利集团从一开始就深刻认识到，防沙治沙不能仅仅停留在"沙进人退"或"人进沙退"这一机械思维层面，而必须找到人与沙之间的最佳关系和平衡点。在这一平衡点上，人与沙的关系实现了和谐共生、和平相处、和睦共存、各得其宜。库布其沙漠经过 30 年的治理，不仅土地变了，气候变了，生物多样性变了，而且当地居民的思想观念也变了。当地居民

381

重新认识了沙漠，不再害怕沙漠，意识到沙漠不仅可以被治理利用，而且可以与人和谐相处，人可以靠治理沙漠致富。

二是库布其治沙践行了习近平生态文明思想"坚持山水林田湖草是生命共同体"的整体系统观，实现了立体化、系统化治沙。

加强生态系统建设是防沙治沙的关键。亿利人经过长期实践，探索出以沙柳、甘草等灌木、半灌木为主，乔木和牧草为辅的"地下种甘草软黄金、地上种乔灌木防风林"立体绿化模式。沙柳生命力顽强，用其扎成网格沙障，可固定流沙，保护路基。甘草是"固氮工厂"，甘草新技术将竖着长的甘草变为横着长，单棵绿化面积从 0.1 m² 提高至 1 m²，沙地改良效果明显。经过 30 年立体化、系统化防沙治沙，我们终于让一个黄沙漫漫的负生态系统变成了绿洲、降雨、生物多样性、生态环境有机共生的生态系统，以绿洲涵养水源、增加降水，以水量保护和丰富生物多样性，从而减少沙尘天气，改善生态环境，完成了从荒漠黄沙向绿水青山的转变，构建起"山水林田湖草动物和人"和谐相处的整体生态系统，环环相扣，生生不息。

三是库布其治沙践行习近平生态文明思想"坚持绿水青山就是金山银山"的绿色发展观，构建起以生态为底色、一二三产业融合发展的沙漠绿色经济循环体系。

我们从治沙伊始，就埋下了沙漠经济的种子，在实践中丰富沙漠经济学理论，在治理沙漠、发展沙漠经济的过程中逐步践行"保护生态环境就是保护生产力""改善生态环境就是发展生产力"的科学论断，构建起以生态为底色、以"平台＋插头"为模式的"防沙治沙—生态修复—产业开发—土壤改良"、一二三产业融合发展的生态循环产业链。通过开发本土化耐寒旱、耐盐碱种质资源，挖掘开发甘草、肉苁蓉、有机果蔬等种植加工业，开展农业治沙；利用生物、生态、工业废渣和农作物秸秆，发展土壤改良剂、复混肥、有机肥料等制造推动工业治沙；充分利用沙漠每年 3 180 h 日照的资源，建成了 310 MW 的沙漠光伏项目，"板上发电、

第一条穿沙公路

板间养殖、板下种草"，进行能源治沙；联合数十家大型企业和金融机构设立了"绿丝路基金"，通过金融手段撬动更多资金，投资沙漠产业，推动金融治沙；依托沙漠自然景观、大漠星空和 30 年沙漠生态成果，建设库布其国家沙漠公园，推动旅游治沙。通过一二三产业融合发展，促进大生态与大扶贫、大数据、大旅游、大健康、大光伏等融合发展，走出一条速度快、质量高、百姓富、生态美的绿色发展新路。

四是库布其治沙践行习近平生态文明思想"坚持良好生态环境是最普惠的民生福祉"的基本民生观，带动 10 万当地居民脱贫致富奔小康。

生态是水，扶贫是舟。库布其沙漠流动沙丘约占 61%，恶劣的生态环境成为制约沙区经济发展和农牧民致富的最大瓶颈。治理沙漠、改善生态环境，成为最紧迫、最基础，也是最长远的扶贫。30 年来，在各级政府的支持下，我们依托"绿起来与富起来相结合、生态与产业相结合、生态治理与企业发展相结合"的发展模式，通过实施"生态修复、产业带动、帮扶移民、教育培训、修路筑桥、就业创业、科技创新"等全方位帮扶举措，公益性生态建设投资 30 多亿元，产业投资 300 多亿元，累计带动库布其沙区及周边大约 10.2 万名农牧民摆脱了贫困，贫困人口年均收入从 30 年前的不到 400 元增长到目前的 1.5 万元。特别是党的十八大以来，库布其模式带动 3.6 万人脱贫，把库布其沙漠从一片"死亡之海"打造成为一座富饶文明的"经济绿洲"，从当初被动治沙、朦胧扶贫，逐步探索出"治沙、生态、产业、扶贫"四轮平衡驱动的可持续发展之路。在库布其的绿色发展过程中，广大农牧民成为最广泛的参与者、最坚定的支持者和最大的受益者，他们以"沙地业主、产业股东、旅游小老板、民工联队长、产业工人、生态工人、新式农牧民"的 7 种新身份，实现脱贫致富。这种模式和机制，已经走出了库布其，我们的生态业务走到哪里，他们就跟到哪里，带动更多西部地区的贫困户脱贫致富。

五是库布其治沙践行习近平生态文明思想"坚持用最严格制度最严密法治保护生态环境"的刚性法治观，保护了来之不易的沙漠生态文明建设成果。

2000 年，鄂尔多斯市开始实施"转移收缩"战略，划分了农牧业禁止开发区、限制开发区和优化开发区，开全国之先河，推行禁牧、休牧和划区轮牧政策，要农区、半农半牧区、国家重点生态工程区、生态恶化区实行全年禁牧，其余地区实行 4—6 月休牧，休牧结束后以草定畜。对于世世代代"逐水草而牧"的草原牧民来说，这无疑是一场颠覆性的重大变革。2000 年以来，先后转移 40 多万农牧民，整体退出区达到 230 万 hm^2，让草原休养生息，让农牧民改善生产条件，生态建设实现由分散治理向集中恢复转变。同时，鄂尔多斯市的林业部门专门为库布其配备了森林公安，不间断巡逻、检查偷采、偷牧情况，发现问题给予严肃处理，在沙区建立起生态执法的威严。

亿利集团将来之不易的生态建设成果视为命根子，对沙漠生态成果保护实行一票否决制。制定铁一般的制度禁止在沙漠里乱砍滥伐，乱批乱建，专门出台了沙漠生态管理办法、禁休牧管理办法、防火防采管理办法等一揽子规章制度，成立了督查工作队、禁牧工作队、管护工作队，全天候不定期巡回检查，保护生态成果。

六是库布其治沙践行了习近平生态文明思想"共同建设美丽中国"的全民行动观，实现了社会化、多元化共同治理库布其。

一花独放不是春，百花齐放春满园。党的十八大以来，库布其治沙按照"创新、协调、绿色、开放、共享"的新发展理念要求，全面引入社会力量多元化推动治沙。库布其被共青团中央、教育部、国家林业局（现国家林业和草原局）认定为全国生态文明教育基地，依托这一平台，亿利集团与巴彦淖尔市、包头市等周边地区的教育部门共同开展"青少年沙漠生态研学"旅游，组织初高中生实地开展生态文明教育课程，累计有 10 万名学生参加了生态文明教育。2017 年以来，借助移动互联网发展大势，引入"蚂蚁森林"公益植树项目，"蚂蚁森林"出资，我们生态植树，在内蒙古、甘肃等荒漠化地区种植沙柳、梭梭树近 300 万棵。有 3 亿多"蚂蚁森林"用户了解或参与了库布其治沙，其中很大一部分是"80 后""90 后"网民。按照这种模式，我们引入了兴全基金、兴业证券等机构发动用户参与治沙。同时与联合国环境规划署、《联合国防治荒漠化公约》、世界自然保护联盟、清华大学、中国人民大学、北京大学、内蒙古农业大学、天津科技大学等几十家机构合作，共同开展沙漠治理课题研究、生态环境教育、治沙国际传播，扩大了库布其的国际影响力。

七是库布其治沙践行了习近平生态文明思想"坚持共谋全球生态文明建设"的共赢全球观，向世界分享库布其治沙经验成果。

亿利集团从开始就深刻认识到"库布其模式"的世界意义，积极向全世界推介这一模式并得到广泛认同。自 2007 年以来，中共中央统战部、内蒙古自治区、科技部、国家林业局（现国家林业和草原局）、农业部（现农业农村部）、环保部（现生态环境部）、国土资源部（现自然资源部）、中科院等协同联合国环境规划署、《联合国防治荒漠化公约》创办了库布其国际沙漠论坛，并连续成功召开了七届。

库布其治沙模式得到了国际社会的高度肯定。2017 年 6 月，联合国环境规划署执行主任索尔海姆在考察库布其治沙成果之后认为，应该重视和重新认识沙漠，兴沙之利，避沙之害。他希望把库布其治沙模式介绍给"一带一路"沿线饱受沙漠之苦的非洲、中东、中亚等地区各国，让世界分享库布其治沙经验。

泛舟大道图湖

在 2017 年 12 月 5 日举行的联合国环境大会上，王文彪获得了联合国颁发的生态环保最高荣誉"地球卫士终身成就奖"，也成为第一个获得该奖项的中国人。

三、"库布其精神"是"库布其模式"的精神支撑

深谙物质和精神的辩证法，一定懂得精神变物质的反作用即精神的力量。精神是一种巨大的能量，一旦遇到适合的环境，就会得到巨大释放。

当然，这种精神的形成恰恰是环境的产物。亿利人长期在面朝沙漠背朝沙天、时时处处见沙漠的艰苦环境中生存和生活，历经挫折磨难，就日积月累地内生、凝聚一种在沙漠环境中生存的人所特有的精神意志：一定要改变这种难以生存的沙漠环境！这种精神意志几经蜕变涅槃，最终形成了亿利人的治沙精神和库布其精神。这就是：守望相助的坚守精神、百折不挠的坚韧精神、科学创新的进取精神、合力共治的共赢精神和绿色共享的大爱精神。

——守望相助的坚守精神。就是面对恶劣的荒漠化环境，绝不逃离，绝不放弃播种绿色的希望，坚守库布其沙漠生态化治理，守住沙漠、守卫绿洲、守护家园；就是眺望远方，提高站位，提升格局，跳出沙漠看沙漠，相互扶持，共同建设美丽家乡，共同创造美好生活。

——百折不挠的坚韧精神。就是面对诸多难题和挑战，顶烈日、抗严寒、战风沙，不畏艰险，不怕困难，不惧挫折，坚忍不拔，甘于寂寞，誓将沙漠变绿洲。

——科学创新的进取精神。面对沙漠生态化治理这一世界性难题，敢走前人没有走过的路，锲而不舍，勇于探索，负重前行，自主创新，勇于超越，努力掌握具有原创性的核心技术。尊重科学，严格按照自然规律治沙、用沙；以科技研发为钥，打开沙漠宝库的大门，以科技创新为剑，劈开沙漠治理的坎坷荆棘，破解诸多难题。

——合力共治的共赢精神。就是面对荒漠化这一严重的全球性生态难题，注重团结一切可以团结的力量，注重运用一切可以运用的社会资本，注重动用一切可以动用的社会力量，以合力共同治理沙漠。

——绿色共享的大爱精神。就是不忘初心，不辱使命，不负重托，把绿色中国梦写在大漠上，实现沙漠绿洲中国梦；就是共享理念、共享经验、共享技术、共享成果，惠泽人类，坚持为人类治沙，为构建人类命运共同体做出生态性贡献。

这些精神蕴含着改变生存处境和发展命运的坚定情怀和意志，与当代中国形成的众多精神相映生辉，共同构成当代中国精神谱系；与民族精神和时代精神相互贯通，共同诠释社会主义核心价值观。库布其模式30年的成功实践所积淀起来的宝贵的治沙精神、库布其精神，是人类的宝贵财富。

治沙精神、库布其精神的形成，使得亿利人在精神上由被动转入主动，实现了精神的升华。

四、"库布其模式"形成了绿色发展的完整体系

"库布其模式"的形成，是多方力量共同、持续努力的结果，是多种支撑因素共同作用的结果，有着深厚的根基。

（一）以认知革命为根本前提

"库布其模式"在如何看待、对待自然上发生了认知革命。即它从传统工业文明思维跃升到现代生态文明思维。传统工业文明思维相对注重经济发展，生态文明思维相对注重绿色发展。在传统工业文明思维中，沙漠不仅是无用的，而且是有害的，沙漠与人类是尖锐的对立关系。而在现代生态文明思维中，沙漠不仅是无害的，而且是有利的，沙漠与人类可以维持和谐共生的关系。但其前提和基础是顺应沙漠本性、利用沙漠本性、保护沙漠本性，而这又要建立在观念转变、技术创新和体制变革共同催生的新的生产力和生产关系之上。沙漠是地球生态的一个有机组成部分，沙漠作为一种各种自然要素相互依存且实现内生循环的自然链条的一环，作为自然界生命共同体中的一种自然物质，有其存在的价值，这种存在价值是通过认知革命、技术创新和生态产业从而发现其对人类发展的作用呈现出来的。这种价值，即要深刻认识到，沙漠是一种资源，沙漠是一种财富，沙漠是人的生命的有机体，沙漠是一种有利于人类生存和发展的可用物

质，完全可以把沙漠变成资源、资产、资本，把"包袱"变成财富，变"沙害"为"沙利"。治沙一定要遵循自然规律，尊重植物生长规律，治沙不等于彻底消灭沙漠，也不等于把所有沙漠都变成绿洲。

认识世界是改造世界的前提，所以认识沙漠是治理沙漠的前提。对沙漠的本性和价值的认识有多深刻，治理沙漠的成果和效益就会有多显著。正是这种认知革命，改变了世人对沙漠的传统认知，引发并推动了沙漠经济学的诞生；正是这种认知革命，使亿利人在沙漠生态化治理上变被动为主动，进而引起了沙漠生态化治理上的全新革命；正是这种认知革命，彻底改变了沙漠的命运、沙漠治理的命运和我们人类的命运。

（二）以不断创新为基础

创新是"库布其模式"的支点。

亿利集团从治沙那天起，就是靠自主创新起步的，治沙一天不止，自主创新就一日不停。总体来讲，自主创新主要包括持续的理念创新、技术创新和机制创新。

——理念创新。就是把沙漠当作自然要素和自然物质去尊重，把沙漠当作资源和资产去认识，把"包袱"当作财富去治理。

——技术创新。就是持续创新治沙技术，让技术创新改变世人对沙漠的传统认知。实现绿色发展，关键要有技术手段。发展绿色经济，科技创新是核心，抓住科技创新，就抓住了沙漠治理的"牛鼻子"。技术创新必须以对自然规律的认识为前提，必须在顺应自然的基础上利用自然。

库布其沙漠生态化治理不仅体现在精神和认知上，而且也体现在技术的持续、自主创新上。这种创新不是一下子就能够发现的，而是在锲而不舍的探索中，发明创造了世界领先、简单实用、具有核心竞争力的微创气流植树法、风向数据植树法、甘草平移治沙技术、种质资源技术、无人机植树、机器人植树技术等核心技术或原创技术。这些创新大大提高了治沙效率，大大提升了植物成活率，大大减少了治沙投资，使治沙技术成为人类治沙的重器。30 年来，亿利集团平均每年都有上百个科技攻关项目。正是运用这些技术，亿利人破解了库布其沙漠治理和绿色发展的难题，形成了人与自然和谐共生的新格局。这一过程给予亿利人最大的启示就是：生态文明建设、绿色发展中的诸多难题，可以用技术创新来破解；建设美丽中国，需要加大科技创新力度，需要大力发展低碳技术、减排技术、污染处理技术、生态修复技术等关键技术。

——机制创新。就是亿利集团在沙漠治理实践中，始终坚持"三个结合"，即绿起来和富起来相结合、生态和产业相结合、生态治理和企业发展相结合，从而走出一条"治沙、生态、产业、扶贫"四轮驱动的可持续发展之路，建立了党的十九大报告中所提出的"政府为主导、企业为主体、社会组织和公众共同参与"的环境治理体系。

正是这种自主创新，使我们在绿色发展上变被动为主动，为绿色产业或生态产业发展奠定了坚实基础。

库布其沙漠酒店

（三）以生态产业为主要支撑

生态是"库布其模式"的产业支柱。

生态经济，是把生态文明理念融入经济发展之中，把经济规律和自然规律统筹考虑，在生态环境可承载的范围内推进发展，进而确保经济社会可持续发展的经济，是把经济发展和生态保护有机结合起来，形成经济发展与生态保护相协调的生态经济体系。生态经济具有系统、协调、循环的特点。生态经济系统，是由人、自然资源、环境、经济等要素构成的生产、生活、生态复合系统。生态经济要求人与自然和谐共生、经济与生态协调发展、自然资源永续利用，注重物质和能量在系统内部的良性循环和高效利用。

亿利集团认识到，沙漠生态化治理既是一项公益事业，也要考虑其经济特性，要尊重自然规律、经济规律和产业规律。基于此，亿利集团以生态和绿色发展为支撑，先科学治沙，把荒漠化变成生态化。然后以生态化为基点来发展生态经济，进而发展生态产业，推动产业集群，从而创造出集"生态修复、生态牧业、生态健康、生态旅游、生态光伏、生态工业"六位一体的具有鲜明特点的生态经济产业体系，发展起一二三产业融合互补的沙漠生态循环经济，走出了一条产业生态化和生态产业化的道路，从而强有力地支撑亿利集团的发展。这是习近平总书记关于"以产业生态化和生态产业化为主体的生态经济体系"的生动范例。

生态产业化和产业生态化为亿利集团规模化治沙和产业化治沙提供了坚实基础。30年前，亿利集团就率先在库布其提出了系统化、规模化治沙的理念，认为在沙漠里绿化不能小打小闹、零零星星，必须形成规模效应才会有效。30年来，尤其自实现生态产业集群以来，亿利人坚持一张蓝图绘到底，逐渐强化规模化治沙，在库布其治沙实践中探索出了这样的独特经验。规模化治沙解决了区域生物多样性问题，进而实现了生态投资递减、生态系统效益递增的"二元效应"。不仅如此，生态产业化所形成的生态产业体系还解决了"钱从哪里来""利从哪里得""如何可持续"等问题，为产业化治沙奠定了基础。

正是因为这种以生态经济为基础、以绿色发展为支撑的生态化产业集群，亿利人在沙漠治理、生态保护和企业发展上变被动为主动，为亿利集团的发展提供了坚实支撑。

（四）以合力共治为根本动力

合力共治是"库布其模式"所注重的要素整合或合力推动。

中央引领且主动推动、联合国积极倡导、政府政策性推动、企业主体市场化运作、农牧民市场化参与、社会各方支持等形成共治合力，是"库布其模式"焕发生机活力的关键所在。它突破了以往单靠政府投入的传统思维，创新性地引入市场运作和利益共享机制，推动了多方合作。

政府部门引领且主动推动，是亿利集团沙漠生态化治理成功的根本保证。习近平总书记提出的生态文明建设思想，所提出的"绿水青山就是金山银山"的绿色发展理念，所提出的建设美丽中国的目标，所提出的国土绿化行动、推进荒漠化综合治理的部署，为亿利集团顺利治沙、成功治沙提供了强有力的政治支持和思想引领。习近平总书记长期以来十分关注并支持库布其沙漠生态治理事业，2012年以来，7次就库布其沙漠生态化治理做出重要指示和批示，对亿利集团沙漠生态化治理的成就给予充分肯定。他在致第六届库布其国际沙漠论坛的贺信中强调指出："荒漠化是全球共同面临的严峻挑战。荒漠化防治是人类功在当代、利在千秋的伟大事业。中国历来高度重视荒漠化防治工作，取得了显著成就，为推进美丽中国建设做出了积极贡献，为国际社会治理生态环境提供了中国经验。库布其治沙就是其中的成功实践。"这使亿利人倍受鼓舞，为积极主动治理沙漠注入了强大动力。王文彪曾经深有感触地说："在库布其治沙面临爬坡过坎的紧要关头，是习近平生态文明建设思想、绿水青山就是金山银山的绿色发展理念和建设美丽中国的要求送来了指路明灯，没有'绿水青山就是金山银山'伟大理念的引领，库布其治沙就可能半途而废，不可能坚持到今天，更不可能实现绿富同兴。"

　　联合国的积极倡导，是亿利集团沙漠生态化治理成功的重要因素。联合国环境规划署重视环境保护和沙漠治理，对亿利集团的沙漠治理成就给予了高度评价和积极支持，其多次到亿利集团进行考察，积极举办库布其沙漠治理国际论坛，积极介绍、宣传库布其沙漠治理经验和成就。2014年，库布其沙漠被联合国环境规划署确定为"全球沙漠生态经济示范区"。

　　内蒙古自治区各级党委、政府政策性推动，是亿利集团沙漠生态化治理成功的关键因素。内蒙古自治区各级党委、政府高度关注并重视防沙治沙工作，把库布其当作中国北方绿色屏障的重要关口予以保护。特别是国家实施西部大开发战略以来，自治区党委、政府主动抓住这一历史机遇，把生态建设作为最大的基础性建设，确立了"把内蒙古建成我国北方最重要的生态防线"的战略目标，把防沙治沙作为生态建设的重中之重，切实加大了治理力度。鄂尔多斯市委、市政府及杭锦旗旗委、旗政府积极领导和组织广大人民群众同风沙进行不懈斗争，积极推广"农户＋基地＋龙头企业"的林沙产业发展模式，逆向拉动生态治理，实现了生态生计兼顾、治沙致富共赢。正因如此，全区荒漠化防治成效大大提升，重点治理区生态状况明显改善，全社会生态意识显著提高，实现了"整体遏制，局部好转"的重大转变，为维护祖国北方生态安全、促进民族团结和边疆稳定做出了积极贡献。

　　企业运用社会资本市场化运作并规模化产业化治沙，是亿利集团沙漠生态化治理成功的核心支撑。内蒙古自治区各沙化地区因地制宜、推进沙产业发展，为亿利人积极治沙提供了良好的环境和氛围。在大力发展沙产业的过程中，一批龙头企业在内蒙古应运而生。亿利集团是国内第一家因"沙产业反哺治沙"而闻名国内外的，是国内迄今为止成立的首家沙产业集团。它集荒漠化防治、生态建设、黄河保护、沙产业发展、新能源开发、国际会议以及沙区百姓致富"七位一体"的产业链,成功完成了资源的有效整合,实现了沙产业的集成效应,为其以市场化运作方式进行规模化产业化治沙奠定了坚实基础,此举堪称独特。绿色发展能力,越来越成为企业的核心竞争力。企业是实现经济目标的主体,也是环境保护的责任主体。亿利集团改变了把经济利润作为唯一目标的传统理念,转而注重保护生态环境,遵守企业伦理和商业道德,积极回报社会,强调自己对消费者、对环境、对社会的责任,因而大大提高了企业建设生态文明的能力,也为亿利集团的治沙事业营造了良好的社会生态。

农牧民市场化参与,是亿利集团沙漠生态化治理成功的强大动力。作为龙头企业,亿利集团与相关合作组织、农牧户之间建立和完善股份合作、订单合同、价格保护、服务协作、流转聘用等多种形式的合作关系,形成了紧密型利益联结机制。当地农牧民拥有"沙地业主、产业股东、旅游老板、民工联队、产业工人、生态工人、新式农牧民"等7种新身份,每一种新身份都能带来可喜的收入。这就充分调动了社会各方发展沙产业的积极性,使农牧民成为库布其治沙事业最广泛的参与者、最坚定的支持者和最大的受益者。

社会各方的支持,是亿利集团沙漠生态化治理成功不可忽视的因素。国家相关部委,国家林业、科技、环保、统战、科研院所和中央媒体等有关部门,高度重视库布其沙漠生态化治理,不仅积极举办库布其国际沙漠论坛,而且通过政策创新,共同支持亿利集团的库布其沙漠生态化治理,共同提升库布其沙漠生态化治理科学化水平,共同打造防治荒漠化国际典范,共同做好库布其沙漠生态化治理经验的推广。

此外,民工联队的协作攻关,也是亿利集团沙漠生态化治理取得成功的不可忽视的因素。

"库布其模式"的精髓和核心,就是用精神、认知、创新和产业变沙漠为资源、变沙害为沙利，从而实现人与自然和谐共生。

"库布其模式"的核心要义是，在习近平生态文明思想的引领下，政府政策性推动、企业规模化产业化治沙、社会和农牧民市场化参与、技术和机制持续化创新、发展成果全社会共享。其中，政府确定思想引领和发展方向并给予政策支持，企业落实各项政策并进行规模化产业化运营，农牧民全面参与并从中受益，技术和机制不断改进并吸收世界各国最先进的经验。

生态环境问题表面上反映的是人与自然的关系，本质上反映的是人与人、人与社会之间的关系，反映的是社会制度和运行理念。社会主义的本质特征和核心价值在于创建一种以实现人的全面发展为宗旨，以真正满足属于人的功能和需求为主要内容的存在方式。中国人民在从事中国特色社会主义的伟大事业的过程中，也就必然会把建设生态文明作为一个重要的战略任务。亿利集团要建设的生态文明，是同社会主义紧密联系在一起的，两者内在统一、相互促进，既是人与自然和谐共生的一种新的文明境界，更是中国特色社会主义道路的重要内涵，是一种更高级的社会形态。

"库布其模式"产生的深层次背景在于，以习近平同志为核心的党中央深刻认识到，生态环境既是关系党的使命宗旨的重大政治问题，也是关系民生的重大社会问题。广大人民群众热切期盼加快提高生态环境质量，亿利人就要积极回应人民群众所想、所盼、所急，大力推进生态文明建设，提供更多优质生态产品，不断满足人民群众日益增长的优美生态环境需要。人民群众对优美生态环境的需要已经成为中国社会主要矛盾的重要方面，不断满足人民的需要、解决突出矛盾和问题，是党的宗旨和使命所在。从伟大事业和奋斗目标看，生态文明建设做好了，对中国特色社会主义是加分项；在中国这个拥有 14 亿人口的最大的发展中国家推进生态文明建设，建成富强民主文明和谐美丽的社会主义现代化强国，其影响将是世界性的。

五、"库布其模式"具有推广和借鉴意义，应进一步挖掘和总结

立足于人类文明变迁的历史反思和对当今世界的现实观照，基于全球视野和人类关怀，基于建设美丽中国的时代要求，亿利集团认为"库布其模式"具有重大的理论意义、实践意义、战略意义和世界意义。

（一）"库布其模式"验证了绿色发展理念的当代意义

马克思主义生态观是社会主义生态文明建设的理论基础。马克思主义生态观高度重视人与自然的关系，认为自然界是人的无机身体，人又是自然界的有机身体，人是自然界的一部分，人与自然是和谐统一的有机整体，它们之间是相互影响、相互制约的不可分割的关系。马克思、恩格斯还设想要逐步建立这样一种人与自然的和谐关系："社会化的人，联合起来的生产者，将合理地调节他们和自然之间的物质变换，把它置于他们的共同控制之下，而不让它作为盲目的力量来统治自己；靠消耗最小的力量，在最无愧于和最适合于他们的人类本性的条件下来进行这种物质变换。"

人因自然而生，自然因人而有价值，人与自然是一种共生关系，是相互依存、相互联系的有机整体。生态文明是人类社会进步的重大成果，是工业文明发展到一定阶段的产物，是实现人与自然和谐发展的新要求。习近平总书记指出："人与自然是生命共同体，人类必须尊重自然、顺应自然、保护自然。""绿色发展，就其要义来讲，是要解决好人与自然和谐共生问题。"社会主义现代化是人与自然和谐共生的现代化，它既要创造更多物质财富和精神财富以满足人民日益增长的美好生活需要，也要提供更多优质生态产品以满足人民日益增长的优美生态环境需要。

"库布其模式"遵循人与自然的辩证法，既尊重自然、顺应自然、保护自然，同时又合理地利用自然、改造自然，而合理地利用自然、改造自然又是为了更好地顺应自然、保护自然，从而在新的生产力水平和新的生产方式上实现人与自然的和谐共生。

　　"库布其模式"反映了人类对客观世界的真理性认识，反映了人类对自身活动的一种实践理性，即人类要在生态系统的平衡点上生存，人类的生存和发展要以保持和促进生态系统平衡为前提，进而它也充分验证了绿色发展理念的真理性、道义性和人类性。

（二）"库布其模式"在实践上走出了一条正确处理经济发展和生态环境保护关系的道路

　　生态环境保护的成败，归根结底取决于经济结构和经济发展方式合理与否。经济发展不应是对生态环境和资源的竭泽而渔，生态环境也不应是舍弃经济发展的缘木求鱼，而是要坚持在发展中保护、在保护中发展，实现经济社会发展与人口、资源、环境相协调，不断提高资源利用水平，加快构建绿色生产体系。环境治理是一项系统工程，要把生态文明建设融入经济建设、政治建设、文化建设、社会建设的各方面和全过程。

　　库布其处于中国西北地区，西北地区的生态在历史上有过深刻的教训，牧业和农业轮流交替出现。其特征是：凡是以牧业为主时，经济发展比较缓慢，但生态环境修复转好；凡是以农业为主时，经济发展较快，但生态环境恶化加剧。其结果是，草原和农田多次交替出现的恶性循环，最终导致土壤退化，荒漠化成为不可抗拒的灾害。"库布其模式"在理论上催生了沙漠经济学，它体现了在生态脆弱地区对于经济发展和生态环境保护之间关系的辩证思考，为在实践上正确处理经济发展和生态环境保护的关系提供了一条可借鉴的新路：保护生态环境实质上就是保护生产力，改善生态环境实质上就是发展生产力，改善生态环境，必将推动经济发展，而推动经济发展也必将进一步推动生态环境改善；在自然价值和自然资本增值的同时，也会带来经济价值和社会资本的增值；它充分利用沙漠本性，通过认知革命和技术自主创新，把沙漠当作资源、变成财富，变害为利；构建以绿色发展为基础和支点的生态经济产业集群。

（三）"库布其模式"助推美丽中国建设

走向生态文明新时代，建设美丽中国，是实现中华民族伟大复兴中国梦的具有战略性意义的内容。良好生态环境是最公平的公共产品，是最普惠的民生福祉。建设生态文明，关系人民福祉，关乎民族未来。生态文明建设是统筹推进"五位一体"总体布局、协调推进"四个全面"战略布局的重要内容。以习近平同志为核心的党中央明确提出大力推进生态文明建设，努力建设美丽中国，实现中华民族永续发展。这标志着以习近平同志为核心的党中央对中国特色社会主义规律认识的进一步深化，表明了加强生态文明建设的坚定意志和坚强决心。"库布其模式"对于建设美丽中国具有重要的战略意义。

当前，美丽中国建设中存在的突出问题，大都与认知不到位、缺乏技术创新、体制不完善、机制不健全、法治不完备有关。在解决好认识和技术的基础上，必须把制度建设作为建设美丽中国的重中之重，加快生态文明体制改革，着力破除制约生态文明建设的体制机制障碍。深化生态文明体制改革，需要尽快把生态文明建设引导到制度化、法治化的轨道上，加快建立产权清晰、多元参与、激励约束并重的系统完整的生态文明制度体系。对于建设美丽中国，"库布其模式"在体制机制上走出了一条具中国特色的生态文明建设道路。

建设"美丽中国"，必须要以资源环境承载能力为基础，以自然规律为准则，以可持续发展、人与自然和谐共生为目标，坚持走生产发展、生活富裕、生态良好的文明发展道路。"库布其模式"缘起于沙漠治理，但其启示远远超过了沙漠治理，它揭示并体现了生态文明建设的一般规律，对"建设美丽中国"具有战略意义。建设"美丽中国"，必须坚持绿色发展，这是建设"美丽中国"需要正确认识和处理的人与自然的关系；建设"美丽中国"，必须由被动走向主动，这是建设"美丽中国"所体现的人的主体能动性；建设"美丽中国"，必须发挥技术创新的基础作用，这是建设

美丽的库布其沙漠

"美丽中国"的技术支撑；建设"美丽中国"，必须注重政府和市场双轮驱动，这是建设"美丽中国"的"两只手"；建设"美丽中国"，必须顺应人民群众对美好生活的需要，这是建设"美丽中国"的价值目标；建设"美丽中国"，必须推进制度创新、体制机制创新，这是建设"美丽中国"的制度保障。"库布其模式"在上述方面都做出了积极探索和重要贡献。

（四）"库布其模式"破解了治理生态环境信心不足、动力不足、能力不足的世界性难题，新闻媒体可据此讲好中国绿色发展、生态文明的故事

中国是世界上最大的发展中国家，经济飞速发展需要巨大环境容量和能源消耗，如果走传统发展模式必然既要面对国内舆论的巨大压力，又要承受国际社会的减排压力。当此之际，一方面，中国一定要走出一条绿色发展之路，一条不同于西方工业化的创新之路；另一方面，中国应当为全球生态安全做出巨大贡献，积极引导应对气候变化的国际合作，成为全球生态文明建设的重要参与者、贡献者、引领者，彰显负责任的大国形象，推动构建人类命运共同体。为此，中国应积极参与全球环境治理，帮助其他国家特别是发展中国家提高环境治理能力，积极响应国际绿色发展潮流，提供切实可行的中国经验和中国方案，站在实现人类美好未来的道义制高点上，构建人类绿色家园，构建人类命运共同体。

2017 年 7 月，习近平总书记向第六届库布其国际沙漠论坛致贺信中指出：中国历来高度重视荒漠化防治工作，取得了显著成就，为推进美丽中国建设做出了积极贡献，为国际社会治理生态环境提供了中国经验。库布其治沙就是其中的成功实践。

库布其沙漠治理的世界贡献在于以下 3 个方面。

一是破解了治理生态环境信心不足的世界性难题。沙漠治理信心不足，首要是由于认知不到位、技术创新缺失，见不到沙漠治理成效。如今对于广大发展中国家包括部分发达国家来说，沙漠治理信心不足依然存在。"库布其模式"所包含的认知革命和技术自主创新，找到了正确处理经济发展和生态环境保护关系的新路，走出了一条具有中国特色的生态文明建设之路，为促进世界生态安全、推动世界生态文明建设做出了重要贡献，写下了世界生态文明的中国篇章。

二是破解了治理生态环境动力不足的世界性难题。生态环境保护动力不足，主要源于处理不好经济发展和环境保护之间的关系，治理主体单一，缺乏各方支持。如今广大发展中国家包括部分发达国家在沙漠治理上，动力不足依然存在。环境是一种公共物品，具有很强的"外部性"特征。更为重要的是，要努力构建更多运用经济杠杆进行环境治理和生态保护的市场体系，着力解决市场主体和市场体系发育滞后、社会参与度不高等问题。"库布其模式"找到了正确处理经济发展和环境保护之间关系的好路子，凝聚了沙漠治理各主体的力量，也赢得了各方的支持。它整合了认知、技术、市场和社会，凝聚了政府推动、市场拉动和科技撬动的能量，发挥了政策、制度和人各自的优势，突破了以往简单依靠政府投入的传统思维，创新性地引入了市场运作和利益共享机制，推动政府、企业、社会三方合作，走出了一条绿富同兴、政企共赢、普惠全民的绿色发展之路。"库布其模式"最突出的特征，就是充分发挥了政府、企业和社会三个主体的作用，形成了绿色发展的合力。这种"共治共享"的合力机制、创新驱动的市场机制，对破解当今中国和当代世界的环境保护和绿色发展难题，具有至关重要的启示意义。

三是破解了治理生态环境能力不足的世界性难题。治理生态环境能力不足，与认知不足、技术创新不够、社会支持不力有关。"库布其模式"实现了认知革命、技术自主创新和共治共享，具有解决生态环境治理的能力，因而较好地解决了这一世界性难题。

晨之静

亿利集团要以习近平生态文明思想为指导，长期不懈地把"库布其模式"

发扬光大，让良好生态环境成为人民生活的增长点、成为经济社会持续健康发展的支撑点、成为展现我国良好形象的发力点。针对一些国家提出的"中国气候威胁论""中国资源威胁论"，中国应根据"库布其模式"的经验，大力讲好中国绿色发展、生态文明的故事。绿色发展、生态文明建设，是中国共产党人提出的具有世界意义的战略目标，"库布其模式"就是讲好绿色发展、生态文明建设故事的好题材，是建设"绿色丝绸之路"的好抓手。生态安全是国家总体安全观的重要内容。绿色发展是全球产业发展的必然趋势，绿色经济既是全球化时代新的经济增长点，也是国际竞争的新焦点，还是提升国家绿色控制能力的重要手段。全面提升自然生态系统的稳定性和生态服务功能，筑牢生态安全屏障，至关重要。"库布其模式"有助于中国提升国家绿色控制能力，保障国家生态安全。为此，要讲好中国生态安全故事，传播中国环保声音，构建中国绿色发展话语，提高中华生态文化软实力，向世界展现绿色发展、生态文明建设思想理论的魅力。

"库布其模式"是绘就美丽中国图景的一支妙笔。新时代中国正在经历着最大规模、最为深刻的生态文明建设全方位变革，生态文明建设的中国实践，不仅将不断满足人民日益增长的优美生态环境需要，还将以美丽中国的生动画卷，为中华民族永续发展完成奠基，以生态文明建设的中国经验，为人类现代化进程提供新范例和新参照。在习近平生态文明思想的指引下，一幅青山绿水、江山如画的生态文明建设美好图景，正在神州大地铺展开来。当绿色发展不仅是梦想而且成为坚定信念、坚定决心、坚定意志、坚定行动时，一切皆有可能！

第十三章

库布其治沙展望

第一节　数字化种树
——汇涓滴之力，成大洋之势

展望未来，亿利集团库布其治沙团队将赋予种植树木、绿化沙漠更加丰富的内涵。种树原本是一件很接地气的、纯线下的事情，树的种植、培育、养护均为离线，树本身并没有作为资产以数字化手段管理起来。

目前，"亿森林"小程序已经正式上线，曾经经历艰难困苦的造林团队，正在用"互联网+"新科技来改造种树过程，树的种植过程互动化，树的身份信息数字化，树的生命周期在线化，增加游戏性与趣味性。这样生动鲜活的设计，让原来只属于线下的事情，变得数字化，可被记录。种树的互联网化，创造了义务植树者身份的数字化、会员化，以及人与树关系的数字化。这种方式，让治沙种树不仅是一个团队、一个区域的事情，更是全社会共同为之努力的事业，可以集合全社会共同的关注与力量，汇涓滴之力，成大洋之势。

展望未来，"互联网+"的思维正在让亿利库布其发轫的"亿森林"以沙漠绿化、治理为切入点，逐步成为中国最大的植树绿色公益平台，进而成为中国最大的树资源信息库、中国最大的植树人身份库和中国最大的人与植树关系库。在这个平台上，让植树具备社交属性，鼓励用户之间发展基于树的社交，社交的过程可以累积碳汇，以及开发场景化的树社交产品，比如情侣树、同学林。在不久的将来，大家就可以在互联网上实时看到自己和朋友捐资或通过其他公益方式种下的树苗的生长情况，拥有更多的参与感与获得感。

　　此外，通过"互联网+"的方式，"亿森林"还科学定义每个共建者的权益资产，即根据每个贡献者的公益植树种类、棵数，综合计算每个共建者的权益资产以及回报。共建人权益产品产自大漠、来自责任，体现共建、共享的定位，也让沙漠从荒凉之地变成物质宝库，给共建者以回馈。绿色食品回馈包括：沙漠大米、沙漠果蔬、沙漠牛羊肉等以绿色标准、有机标准生产的沙漠食品。绿色健康产品回馈包括：沙漠甘草制品、肉苁蓉制品、沙棘制品、枸杞制品，均为沙漠为人类健康贡献的珍品。

　　更进一步，依托遍及全国的生态修复项目，亿利集团正在建立互联网流量平台与情感关系平台，即为沙漠经济运营的平台，采用新的"平台+插头"的模式。

　　插头是对外输出的产品的接入能力，包括沙漠有机食品、沙漠绿色肉禽蛋、沙漠健身保健产品等，以及沙漠稀缺旅游资源，成立目的地的电商运营平台，从而更好地服务于当地政府，服务于沙漠生态生产企业，服务于当地农牧民脱贫。

第二节　走向广袤的非洲大地

习近平总书记指出，库布其模式正沿着"一带一路"走向更多国家，走向全球。2017年12月7日，王文彪带领团队在荷兰"连下三城"——先为在荷兰创立的"亿利欧洲生态创新中心"揭牌，并与荷兰全球领先的土壤修复和水处理企业弗家园公司签订了并购协议，同时又与荷兰生态解决方案高科技企业诺德士公司签订了技术开发合作协议。在揭牌仪式上，南荷兰省省长雅普斯密特、中国驻荷兰大使吴恳、商务参赞张国胜出席了活动，南荷兰政府大楼广场上升起了鲜艳的五星红旗，多名荷兰政府的高级官员、瓦赫宁根大学校领导、三角洲研究院专家也出席了本次仪式。

雅普斯密特省长表示，亿利集团是一个创新能力非常强的企业，为全中国和全人类的生态建设做出了巨大贡献。他认为，"亿利欧洲生态创新中心"将促使亿利集团和更多的荷兰企业进行广泛的、深度的合作。吴恳大使在仪式上发言说，亿利集团是全球名副其实的生态领军企业，这是中国的骄傲。南荷兰省在环保领域智力资源丰富、优秀企业众多，是中国企业开展生态环保投资合作的理想地区。亿利集团来到这里设立创新中心，开展环保合作，正是中荷两国在环保领域的又一次"强强联合"。

2018年，来华出席中非合作论坛北京峰会的尼日利亚总统布哈里与王文彪会面。布哈里总统对亿利集团治理内蒙古库布其沙漠的显著成果表示赞叹，表示治理沙漠与清洁能源发展是尼日利亚的重要国家战略，尼日利亚愿意学习并借鉴中国亿利集团治理库布其沙漠的模式，希望亿利集团到尼日利亚开展相关领域的产业开发。此后，王文彪应摩洛哥和尼日利亚两国政府的邀请，带领技术专家团队到非洲摩洛哥和尼日利亚进行了实地考察，分别与摩洛哥乌季达市与摩洛哥东部大区政府签署协议，就在该地区推广亿利集团库布其治沙减贫模式达成战略合作，与尼日利亚伊莫州政府签署关于尼日利亚北部治沙、生态旅游和清洁能源发电等重大项目的合作框架协议。

目前，亿利集团库布其治沙的技术团队正在非洲的尼日利亚和摩洛哥等地紧锣密鼓地开展基础调研。来自库布其、经过 30 年实践检验的技术、种质资源和人才，将在广袤的非洲大陆乃至全球的荒漠化地区开启全新的征程。

第三节 沿着"一带一路"走向全球

2017 年 5 月召开的"一带一路"国际合作高峰论坛上，中国国家主席习近平在开幕主旨演讲中提出，践行绿色发展理念，建立"一带一路"绿色发展国际联盟。启动"一带一路"科技创新行动计划，开展科技人文交流、共建联合实验室、科技园区合作、技术转移 4 项行动，在未来 5 年内安排 2 500 人次青年科学家来华从事短期科研工作，培训 5 000 人次科学技术和管理人员，投入运行 50 家联合实验室。

为积极响应习近平总书记的号召，亿利集团公益基金会和联合国环境规划署在库布其沙漠建立"一带一路"沙漠绿色经济创新中心，并积极争取成为习近平总书记提倡的 50 家联合实验室的重要组成部分。该中心正在致力于推动"一带一路"生态文明建设，将通过大数据、日常搜集、专题报告等手段，搜集"一带一路"乃至全球生态建设的自然条件、政策环境、发展动态、重大项目等信息，促进"一带一路"沿线国家与地区的信息共享，推动"一带一路"生态修复基础研究与科技创新。推动生态修复与环境治理专业人才培养，开展增强青少年生态环保意识的培训和拓展活动，支持"一带一路"沿线国家生态修复与绿色发展多边与双边合作。此外，中心还在努力促进"一带一路"沿线国家生态修复产学研结合与科技成果产业化，向国际组织和各国政府提供生态建设技术研发、政策分析、项目管理等咨询服务与合理化建议，搭建经验交流平台，举办论坛、研讨会、现场观摩等活动，为"一带一路"沿线各国提供生态治理与防治荒漠化经验。在不久的将来，根植于库布其、辐射全球的"一带一路"沙漠绿色经济创新中心，必将为建设绿色"一带一路"发挥更为积极和重要的作用。

第四节　未来30年

30年在人类历史长河中只是短暂一瞬。仅仅30年，亿利人就能在"一穷二白"的条件下创造出不朽的业绩。亿利库布其成为全球唯一被整体治理的沙漠，成为全球沙漠绿色经济示范区，成为联合国"一带一路"沙漠绿色经济创新中心，成为中国首家由民营企业创建的"绿水青山就是金山银山"实践创新基地，成为中国唯一一家由民营企业实施的国家沙漠生态公园和生态文明教育基地。亿利人成为中国唯一的联合国地球卫士终身成就奖获得者，成为联合国全球治沙领导者获得者，成为联合国环境与发展奖、土地生命奖获得者。今天的亿利集团，脚下已经不再是寸草不生的不毛之地，工作团队的成员已经不再是手无寸铁的挖盐工人。30年来，亿利库布其治沙团队每次遇到的困难越大，机遇也越大，同时成就也越大。

展望未来，30年的荣耀之时，丝毫不能存在任何沾沾自喜，丝毫不能停下半步的奔跑探索。世界上有多少沙漠，库布其治沙团队就有多少红利。党和国家有多大的生态战略，库布其治沙团队就有多大的发展空间。国家真正把生态放在立国的重要位置，仅仅是自党的十八大以来不到10年的时间，所以生态产业才刚刚起步，人们对美好生活、美好环境的向往正成为基本的需求。

这支治沙团队从库布其出发，但目标不止库布其，不止内蒙古，不止中国的各大沙漠。造福全人类，应该成为我们责无旁贷的使命。亿利集团的梦，就是治沙梦，就是让世界上需要治理的沙漠越来越少，让绿色的希望越来越多；让贫穷越来越少，让幸福越来越多。

　　未来 30 年，库布其治沙团队将加快创新治沙高端技术、高端产业、高端模式。让治沙专家、治沙技术、治沙产业、治沙模式在 10 年内输出至全国乃至全球各大沙漠，让沙漠长出绿洲、长出食品、长出财富的梦想变为现实，也让治沙生态产业为亿利集团提供源源不断的财富和资源。

　　未来，库布其治沙团队将加快创新复制生态服务模式，提升生态核心技术，创新生态服务中政府采购服务、生态效果价值服务和运营管理服务价值水平，为构建人类命运共同体，做出自己应有的贡献。

参考文献

[1]MA (2005). Millennium Ecosystem Assessment. Ecosystems and Human Well-being: Desertification Synthesis. World Resources Institute, Washington, D.C., 2005.

[2]Chen X, Zhou K, Zhang Q, et al. Quantitative Assessment and Analysis on the Dynamic Change of Ecological Capital in Arid Areas. Chinese Science Bulletin, 2006, 51(z1):204-212.

[3]D'Odorico P., Bhattachan A., Davis K. F., et al. Global Desertification: Drivers and Feedbacks' Advances in Water Resources. 2013, 51 (1):326-344.

[4] 陈百明，黄兴文 . 中国生态资产评估与区划研究 [J]. 中国农业资源与区划 , 2003, 24(6):20-24.

[5] 范建忠，李登科，周辉 . 陕西省退耕还林固碳释氧价值分析 [J]. 生态学杂志 , 2013, 32(4):874- 881.

[6] 姜文来 . 森林涵养水源的价值核算研究 [J]. 水土保持学报 , 2003, 17(02):34-36.

[7] 中国水利部 . 中国水利年鉴 [M]. 天津 : 天津大学出版社 , 1999.

[8] 穆少杰，李建龙，杨红飞，等 . 内蒙古草地生态系统近 10 年 NPP 时空变化及其与气候的关系 [J]. 草业学报 , 2013, 22(3):6-15.

[9] 聂雪花 . 祁连山灌木林水源涵养功能的研究 [D]. 甘肃农业大学 , 2009.

[10] 朴世龙，方精云，郭庆华 . 利用 CASA 模型估算我国植被净第一性生产力 [J]. 植物生态学报 , 2001, 25(05):603-608.

[11] 史培军，张淑英，潘耀忠，等 . 生态资产与区域可持续发展 [J]. 北京师范大学学报 : 社会科学版 , 2005, (2):131-137.

[12] 司今，韩鹏，赵春龙 . 森林水源涵养价值核算方法评述与实例研究 [J]. 自然资源学报 , 2011, (12):2100-2109.

[13] 国家林业局. LYT 1721-2008 森林生态系统服务功能评估规范 [S]. 北京: 中国标准出版社, 2008.

[14] 王文彪, 冯伟, 张吉树. 库布其沙漠综合防护体系防风改土效益研究 [J]. 中国水土保持, 2012, (4):55-57.

[15] 谢高地, 鲁春霞, 冷允法, 等. 青藏高原生态资产的价值评估 [J]. 重庆第二师范学院学报, 2003, 18(2):189-196.

[16] 赵同谦, 欧阳志云, 贾良清, 等. 中国草地生态系统服务功能间接价值评价 [J]. 生态学报, 2004, 24 (6):1101-1110.

[17] 朱文泉, 潘耀忠, 张锦水. 中国陆地植被净初级生产力遥感估算 [J]. 植物生态学报, 2007, 31(3):413-424.